Christiane Funken

Sheconomy

Christiane Funken

Sheconomy

Warum die Zukunft der Arbeitswelt weiblich ist

C. Bertelsmann

Der Verlag weist ausdrücklich darauf hin, dass im Text enthaltene externe Links vom Verlag nur bis zum Zeitpunkt der Buchveröffentlichung eingesehen werden konnten. Auf spätere Veränderungen hat der Verlag keinerlei Einfluss. Eine Haftung des Verlags ist daher ausgeschlossen.

FSC
www.fsc.org
MIX
Papier aus verantwortungsvollen Quellen
FSC® C014496

Verlagsgruppe Random House FSC® N001967

1. Auflage

Neumarkter Str. 28, 81673 München
Umschlaggestaltung: buxdesign, München
Satz: Uhl + Massopust, Aalen
Druck und Bindung: GGP Media GmbH, Pößneck
Printed in Germany
ISBN 978-3-570-10271-8

www.cbertelsmann.de

Inhalt

Vorwort

2010 – die Turbulenzen der Weltwirtschaft beruhigten sich allmählich, und die zähen Debatten um die Frauenquote gingen in die x-te Runde. Ich stand vor einem imposanten verglasten Gebäude – der Firmensitz eines großen deutschen Unternehmens mit Umsätzen in Milliardenhöhe. Ich war mit einer leitenden Managerin verabredet – in der riesigen Eingangshalle wartete bereits ihr Assistent auf mich.

Wir fuhren mit dem Aufzug zur vorletzten Etage. Von Stockwerk zu Stockwerk wuchs mein Respekt. Ich rechnete damit, eine Frau zu treffen, die stolz und selbstbewusst auf ihre höchst erfolgreiche Berufslaufbahn zurückblickt. Auch freute ich mich darauf zu erfahren, *wie* sie bisher die so genannte »gläserne Decke« durchstoßen hatte und *wann* mit dem letzten großen Schritt in Richtung Chefetage, Vorstand oder Aufsichtsrat zu rechnen sei. Im Übrigen erwartete ich nützliche Ratschläge für jene Frauen, die gerade voller Elan und Engagement ins Berufsleben einstiegen oder als junge Führungskräfte ihre Karriere vorantreiben wollen.

Doch das Ergebnis dieses Gesprächs war ernüchternd und entsprach in keiner Weise meinen Erwartungen. Schlimmer noch: es war kein Einzelfall, sondern wurde durch all die weiteren Interviews bestätigt, die ich mit gestandenen Managerinnen im Alter von 50 plus aus großen deutschen, österreichischen und Schweizer Unternehmen führte. Überall bot sich ein ähnliches Bild: Empörung, Resignation und Frustration. Die einen kämpften erbittert um den weiteren Aufstieg, die anderen machten nur noch Dienst nach Vorschrift – die dritten standen kurz vor dem Ausstieg.

Das Fazit dieser Frauen war: *No return on investment.* Ihr enormes Engagement während der langjährigen Berufstätigkeit hatte sich – so die einhellige Meinung – keineswegs ausgezahlt. Nicht nur der Zutritt zu den Chefetagen blieb ihnen verwehrt, auch die adäquate Anerkennung ihrer großen Erfolge und anhaltenden Leistungsfähigkeit blieb aus. Sie hatten in der Regel weniger Personalverantwortung und kleinere Budgets als ihre gleichrangigen Kollegen, keine Teilhabe an relevanten Entscheidungsprozessen und – keine Gestaltungsmacht. Massiv gekränkt durch die Missachtung ihrer Kompetenz und Leistungsfähigkeit mussten sie sich nun auch noch mit der langweiligen Routine der einmal erreichten Position abfinden. Denn seit Langem waren sie – im Gegensatz zum kontinuierlichen oder gar rapiden Aufstieg der Jahre zuvor – nicht mehr befördert worden.

Ich war beunruhigt: Wenn diese klugen und leistungsstarken Frauen ihre persönlichen und beruflichen Investitionen erzürnt bereuen oder frustriert reduzieren, sich selbst also nicht als Vorbild erleben, was kann jüngere Frauen dann überhaupt motivieren, sich in die »Höhle des Löwen« zu begeben?

Ich wollte es genauer wissen, also führte ich eine weitere Studie mit Führungskräften der Generation 35 plus durch.

Mich interessierte, ob diese jungen Frauen ähnliche Erfahrungen machten wie ihre Vorgängerinnen, die eine klassische Aufstiegskarriere in traditionellen, hierarchischen Unternehmen der Industriewirtschaft absolviert hatten.

Auch wollte ich prüfen, ob der vielfach diagnostizierte Wandel der Industriewirtschaft hin zu einer Art Ideenwirtschaft – wir sprechen heute von Wissensökonomie – tatsächlich schon Einzug in den Arbeitsalltag gehalten hat oder noch vor uns liegt.

Und schließlich galt es abzuschätzen, welche Konsequenzen die »schöne neue Arbeitswelt« für Frauen in der Wirtschaft haben wird.

Worauf müssen Frauen sich einstellen? Auf mehr Chancen oder auf erhöhte Risiken?

In der modernen Arbeitswelt wird gerne von neuen Leitbildern und von Diversität als wirtschaftlichem Grundprinzip gesprochen. Gleichzeitig sind die alten Ansichten über Führung und Beschäftigung noch immer lebendig. Diese Situation führt zu Widersprüchen auf unterschiedlichsten Ebenen.

Einerseits hat sich ein Arbeitsethos etabliert, das den Einsatz der ganzen Persönlichkeit verlangt und einhergeht mit enormer Leistungsverdichtung, entgrenzten Arbeitszeiten und durchaus positiv erlebter Autonomie für die Beschäftigten. Andererseits wird diese aktiv eingeforderte Arbeitsmoral in vielen, immer noch hierarchisch geführten Unternehmen durch die alten Strukturen und Kulturen behindert.

Gleichzeitig werden große Bereiche der Service- und Sachbearbeitung digitalisiert und die Produktion automatisiert. Es entstehen neue Tätigkeitsbereiche, die Kooperation, Interaktion und Kommunikation mit stets wechselnden Partnern und Orten voraussetzen. Diese »Wissensarbeit« erfordert nicht nur spezifische Eigenschaften und Fähigkeiten, sondern auch eine Arbeitshaltung, die Selbstreflexion und Selbstorganisation voraussetzt. Frauen sind hierfür bestens geeignet; erstens durch ihre – zumindest gegenwärtig noch – vorherrschende Sozialisation »als Frau« und zweitens durch das »unfreiwillige Alleinstellungsmerkmal«, verschiedene Lebensbereiche (Privates *und* Berufliches) sinnvoll koordinieren zu können. Entgrenztes Arbeiten ist ihnen also keineswegs fremd.

Noch zögern viele Frauen, die historisch neue Chance zu ergreifen und den fundamentalen Wandel der Arbeitswelt aktiv zu nutzen und mitzugestalten. Hinzu kommt, dass viele Unternehmen es ihnen hierbei nicht gerade leicht machen.

Über die »gläserne Decke« und die geeigneten Mittel, sie zu durchbrechen, ist bereits viel geschrieben worden. Zumeist wird den Frauen erklärt, wie sie die subtilen Hindernisse umgehen und erfolgreich Karriere machen können. Solche Beschreibungen der »gläsernen Decke« und die entsprechenden Empfehlungen in den einschlägigen Ratgebern beziehen sich jedoch in erster Linie auf die Lage der Frauen in traditionellen, hierarchisch organisierten Unternehmen. Jene Widersprüche, Chancen und Risiken, die aus der Parallelität von »neuen« Arbeits*anforderungen* (der Wissensökonomie) und »alten« Arbeits*bedingungen* resultieren, sind bisher kein Thema. Und auch die Möglichkeiten, die eine gewandelte Arbeitswelt für Frauen eröffnet, geraten nicht in den Blick.

Diese »blinden Flecken« möchte ich in meinem Buch tilgen.

Erstmalig in der Wirtschaftsgeschichte sind Frauen nicht nur darauf angewiesen, dass sich die Einstellung der Männer ändert. Denn es ist die Arbeitswelt, die sich ändert! Frauen können von diesem Wandel enorm profitieren – solange sie ihn verstehen und aktiv mitgestalten. Dabei will ich sie unterstützen. Im Laufe der letzten etwa zehn Jahre habe ich mehrere empirische Studien zur Lage von Frauen in diversen Unternehmen und Arbeitsbereichen durchgeführt.[1] Die Ergebnisse dieser Studien liefern die Grundlage für meine nun folgenden Überlegungen.

Ich möchte all den Frauen Mut machen, die gerne und lustvoll arbeiten; die vor Herausforderungen nicht zurückschrecken und sich nicht scheuen, mit Macht und Verantwortung umzugehen; die mit Karriere viele Aspekte verbinden – nicht nur eine Aufwärtsbewegung; die sich stetig weiterentwickeln möchten – beruflich wie privat; *modernen* Frauen also, die Karriere *und* Familie, Berufliches *und* Privates, Lebenszeit *und* Arbeitszeit miteinander verbinden wollen.

Kapitel 1

Neue alte Arbeitswelt

> »Man ist abends bei der Arbeit, man ist am Wochenende bei der Arbeit. Man ist permanent mit den Gedanken bei der Arbeit.«
> *(Hanna B., 34)*[1]

> »Wenn du nicht mehr kannst, dann nehme ich den nächsten.«
> *(Mark F., 35)*

Manhattan aus der Vogelperspektive. Eine faszinierende Sicht, wie sie nur das Kino zu bieten hat. Man möchte bei diesem Anblick verweilen. Doch schon zoomt die Kamera auf eine dichte Menschenmenge, die zum Eingang eines Wolkenkratzers drängt. Von dort wandert der Blick an der Fassade des Hochhauses nach oben. Stockwerk türmt sich auf Stockwerk. Der Aufstieg, so die unverkennbare Botschaft, ist ein langer, mühseliger Weg. Dann wechselt die Einstellung:

Nun zeigt das Bild ein Großraumbüro. Über hundert Arbeitsplätze – ausgestattet mit Schreib- und Rechenmaschinen – reihen sich aneinander. Die Beschäftigten haben jeweils exakt die gleiche Arbeitsfläche zur Verfügung, und jeder Tisch trägt eine kleine Plakette mit ihren Namen. Gehilfen und ZuarbeiterInnen wuseln zwischen den Tischen umher, der Raum ist vom Rattern und Klackern der Schreib- und Rechenmaschinen erfüllt. Hoch über den Arbeitenden ist eine Uhr angebracht. Sobald die Zeiger 17.20 Uhr erreichen, stellen die Frauen und Männer ihre Arbeit, zum Teil mitten in der Bewegung, ein, und der Raum leert sich rapide. Niemand bleibt länger an seinem Arbeitsplatz sitzen. Jeder bedeckt seine Geräte mit einer Schutzhülle, die er am nächsten Morgen, am nächsten Arbeitstag wieder entfernen wird. Lediglich ein junger Mann verharrt einsam an seinem Schreibtisch. Es scheint zunächst, als wäre er als Einziger im gesamten Bürokomplex zu Überstunden bereit.

Dies ist die erste Szene von Billy Wilders legendärem Film *Das Appartement* aus dem Jahr 1960. Sie veranschaulicht die in Industrienationen des 20. Jahrhunderts entwickelte und lange vorherrschende fordistisch-bürokratische Arbeitsorganisation; sie drückt präzise aus, was viele Jahrzehnte lang sowohl für Werktätige als auch für Angestellte galt: die klare Zuteilung der drei Faktoren »Arbeitsplatz«, »Aufgabenbeschreibung« und »Arbeitszeit«.

Im Film kippen diese Zuschreibungen jedoch rasch ins Ironische. Es stellt sich heraus, dass die Hauptfigur, der kleine Angestellte C. C. Baxter, nicht deshalb im Büro bleibt, weil er dort Überstunden macht, sondern weil er nicht nach Hause *kann*. Er hat sein Appartement als Liebesnest an seine Vorgesetzten vermietet. Anstelle sklavischer Fleißarbeit verfolgt er also eine Aufstiegsagenda, die um einiges vielversprechender erscheint.

Alte Zuschreibungen

Heute scheint diese Form streng kontrollierter, fast maschinell anmutender Büroarbeit längst der Vergangenheit anzugehören. Der Kontrast wird deutlich, wenn wir im Vergleich zu den aufgereihten Schreibtischen aus *Das Appartement* jene Arbeitswelt betrachten, die Dave Eggers in seinem gefeierten Roman *Der Circle* von 2014 beschreibt.

Die naive, begeisterungsfähige Mae trifft darin auf ein Unternehmen, genannt »Circle«, das einem freundlichen und zugleich totalitären Campus gleicht – die MitarbeiterInnen des »Circle« wohnen in direkter Nachbarschaft zu ihren Büros auf einem Gelände, das dem Konzern gehört, und nehmen in ihrer Freizeit an Aktivitäten teil, die ebenfalls vollständig vom »Circle« organisiert werden. Mae sitzt zwar allein an ihrem Schreibtisch, doch hat sie fünf Monitore vor sich, an denen sie nicht nur die aktuellen Arbeitsprozesse, sondern auch die ständig aktualisierten Freizeitpläne ihrer KollegInnen verwalten muss. Arbeit und Freizeit sind bei ihr zu einem Hybrid verschmolzen, das vom Zwang zur Optimierung angetrieben wird – Maes Arbeitsleistung wird von ihren Kunden nach derselben Skala von 1 bis 100 bewertet, die sie bald auch dazu nutzt, die »Performance« ihres Freundes beim Sex zu benoten. Durch intensive Teilnahme an Freizeitaktivitäten, die der »Circle« für seine MitarbeiterInnen organisiert, kann sie zudem ihre Platzierung auf einem Index erhöhen, der in die Beurteilung ihrer »Gesamtperformance« einfließt.

Der Circle stellt freilich eine satirisch eingefärbte Utopie dar. Dennoch versicherte eine Google-Mitarbeiterin dem Autor, er habe ihren Arbeitsalltag exakt so beschrieben, wie er tatsächlich schon heute ist.[2]

Mae kann in *Der Circle* nicht mehr zwischen Arbeit und Freizeit trennen und gerät deshalb in Konfliktsituationen. In *Das Appartement* ist es genau umgekehrt: Gerade die Unvereinbarkeit von Arbeit und Freizeitvergnügen erzeugt komische Effekte – zum Beispiel wenn C. C. Baxter die Rendezvous der Vorgesetzten in seinem Appartement unter großen Mühen so koordinieren muss, als *wären* sie Arbeitstermine. Komisch ist auch, dass die Chefs in *Das Appartement* offenkundig nicht von unternehmerischen Handlungsmaximen angetrieben werden, wie es ihrer Position im Unternehmen eigentlich entspräche, sondern stets nur das nächste Date planen – und dem armen Baxter auch noch seine Vorräte an Cheesecrackern wegknabbern.

Auch wenn es nur Film- und Romanszenen sind, so wird doch klar: Arbeitsweise und -umgebung der meisten Beschäftigten in großen Unternehmen haben sich in den zurückliegenden fünfzig Jahren grundlegend verändert. Dennoch sind uns die Begriffe »Arbeitsplatz«, »Aufgabenbeschreibung« und »Arbeitszeit« noch immer vertraut. Wir gehen »zur Arbeit« und kommen »von der Arbeit« zurück, wir fangen zu einer bestimmten Zeit mit der »Arbeit« an und haben irgendwann »Feierabend«, wir erledigen »in der Arbeit« eine bestimmte, von Vorgesetzten zugewiesene Aufgabe. Wir sprechen von einem »Berg« oder einem »Haufen Arbeit«, der noch »ab-« oder »wegzuarbeiten« sei; wir beschreiben die Arbeit als ein aufgewühltes Meer, in dem wir zu »versinken« drohen; wir reden vom »Arbeitsbereich«, als ließe sich die Arbeit umzäunen wie eine Kleingartenparzelle.

Doch diese Redeweisen täuschen über die bereits erfolgten Veränderungen hinweg.

Unsere Arbeitswelt befindet sich in einem vielgestaltigen Wandel, der sich auf nahezu sämtliche modernen Lebensbereiche auswirkt. So vieldeutig dieser Wandel sich darstellt und so schwierig es sein mag, ihn auf eine kurze Formel zu bringen, so lässt sich doch sagen: Aus der industriellen Arbeit ist ein neuer Typus von Arbeit hervorgegangen, der einerseits traditionelle Grenzen durchlässig macht und gleichzeitig Sehnsucht nach den alten, vertrauten Regelungen weckt. Die Rede ist von der *Wissensökonomie*. Sie ist durch eine Form der Arbeit charakterisiert, die vor allem auf geistigen, nicht direkt sichtbaren Prozessen beruht. Der materielle Aspekt von Arbeit steht dabei nicht mehr im Vordergrund. Stattdessen hat die *Im*materialisierung der Wertschöpfungsketten durch vielfältige Prozesse der Digitalisierung und Globalisierung die Arbeitenden selbst erfasst.

Konkret bedeutet dies: Ein erheblicher Teil der Beschäftigten in mittleren und großen Konzernen der »Ersten Welt« wie Telekom, Henkel, SAP, Vorwerk – um nur einige zu nennen – ist heute nicht mehr mit der Produktion von materiellen Dingen, wie zum Beispiel Tassen, Autos oder Haarshampoos, befasst, sondern produziert Konzepte, Ideen, Strategien und Problemlösungen, also im weitesten Sinne wissensbasierte Dienstleistungen. Schätzungen gehen sogar davon aus, dass bis 2020 der Anteil an Wissens- und Servicearbeit auf 85 Prozent steigen wird.[3]

Um zu begreifen, wie sehr die Wissensarbeit unsere Arbeitswelt verändert, lohnt sich ein kurzer Blick auf die traditionellen Unternehmen der Industriewirtschaft, wie sie im 19. Jahrhundert entstanden, bis in die 1970er Jahre hinein prägend waren und auch heute noch keineswegs verschwunden sind.

In diesen Betrieben waren Planung und Ausführung von Arbeit strikt getrennt und folgten bürokratischen Prinzipien. Die Zuständigkeiten der Beschäftigten wurden nach *Kopf*arbeit (Manager) und nach *Hand*arbeit (Arbeiter und Angestellte) aufgeteilt. Entwicklung, Produktion, Rechnungswesen oder auch Vertrieb waren jeweils eigenständige, streng voneinander getrennte Funktionsbereiche. Ihre jeweiligen Leiter verfügten über sehr viel kaum zu kontrollierende Macht, mit weitreichenden Folgen. Karrieren waren innerhalb dieser hermetisch getrennten Teilbereiche ausschließlich als Aufstiegs- oder Kaminkarrieren möglich und üblicherweise mit mehr Geld, Personalverantwortung, Macht und Prestige verbunden.

Mittlerweile organisieren nahezu alle Unternehmen ihre ehemals eigenständigen und abgeschotteten Teileinheiten um, sodass sich Wertschöpfungsprozesse je nach Auftrag und Kundenorientierung immer wieder neu formieren können. Damit solch fluide, netzwerkartige Strukturen überhaupt funktionieren können, sind Dezentralisierung, flachere Hierarchien, Team- und Projektarbeit, partizipative Führungsstile und das sogenannte »Empowerment«[4] der Mitarbeitenden erforderlich. Dies gilt gleichermaßen für traditionelle Branchen (etwa Automobil- und Energieunternehmen oder auch Maschinenbau) wie für die moderne Medien-, Kultur-, Freizeit-, Tourismus- oder auch Gesundheitsbranche. Daraus resultieren neue Anforderungen an *alle* Beteiligten, besonders aber an die (Hoch-)Qualifizierten. Software-Entwickler, Betriebs- und Volkswirte, Juristen, Vertriebler, Werber und Pressereferenten, Personalentwickler oder auch Experten aus Produktion, Absatz, Beschaffung, selbst Ingenieure und deren jeweilige Assistenten etc. – sie alle entwickeln und »verkaufen« Produkte, die in erster Linie mit ihrer Person und dem speziellen Wissen zu tun haben, das sie sich persönlich aneigneten.

Für die Beschäftigten bedeutet dies: Nicht das in der Ausbildung und durch Berufserfahrung erlernte und erworbene Fachwissen zählt heute am meisten, sondern die Fähigkeit, mit diesem Wissen umzugehen, es kreativ, flexibel und lösungsorientiert einzusetzen und auf diese Weise neues Wissen zu generieren. Für die Mehrzahl der Arbeitsplätze besteht das Anforderungsprofil heute nicht mehr darin, stets wiederkehrende Aufgaben zuverlässig zu erledigen, sondern in der innovativen Bewältigung von komplexen Problemstellungen, oft unter hohem Zeitdruck. Das bestehende Wissen wird nicht als unumstößliche Wahrheit angesehen (»Wir haben das immer so gemacht, also machen wir es auch weiterhin so!«), sondern als formbare Ressource und ist mit Nichtwissen als Motor gekoppelt. Der Begriff Wissen ist dabei nicht mit Daten zu verwechseln, die für viele Unternehmen heute enormen Wert besitzen. Daten an sich bedeuten noch nichts. Sie müssen erst von Individuen interpretiert werden, um die Form von Wissen annehmen und problemspezifisch verwertet werden zu können. Ebendies geschieht in der Wissensökonomie.

Ebenso wichtig ist: Die Generierung von Wissen entsteht immer in Zusammenarbeit, im Austausch mit anderen. Von den MitarbeiterInnen wird deswegen zunehmend erwartet: Sie sollen Netzwerke bilden und pflegen, teamfähig sein und sich permanent auf wechselnde Arbeitsumfelder und Themenbereiche einstellen.

Der Arbeitsplatz scheint mehr und mehr zu einem Ort zu werden, den wir *in* uns haben, den wir nicht verlassen können. Die Arbeit ist uns gewissermaßen auf den Leib gerückt. Die meisten Menschen gehen heute nicht mehr zur Arbeit. Sie sind schon da, sobald sie aufwachen.

Strukturen lösen sich auf

Noch in den Sechzigerjahren des letzten Jahrhunderts war die Arbeitswelt überwiegend von starren hierarchischen Strukturen, formalen Abläufen und festgelegten Kommunikationswegen geprägt. Die Arbeitsprozesse waren standardisiert, ließen sich in kleinste Schritte aufteilen und zeitlich genau berechnen (Fordismus/Bürokratie). Die Arbeitenden glichen Robotern, die bis ins Detail durchstrukturierte Aufgaben zu erledigen hatten – im Rahmen genau vorgegebener Zeitfenster.

Es war eine Welt, in der sich die überwiegend männlichen Arbeitnehmer damit abzufinden hatten, nicht als ganze Person, sondern »nur« als Funktionsträger jeden Morgen ihr Werk oder ihr Büro zu betreten. Jener Teil ihres Selbst, der nichts mit Arbeit zu tun hatte, jener diffuse Part, in dem es um Interessen, Bedürfnisse, Gefühle und Träume ging, sollte von der Familie, also den Frauen, die zu Hause blieben, bespielt werden.

Dem Arbeitsleben haftete damals etwas grundsätzlich Mechanisches an. Sinn stand auf der einen Seite, Arbeit auf der anderen. »Identifikation», »Teamarbeit«, »Kreativität« oder »innovative Problemlösungskompetenz« waren keine Maßstäbe, mit deren Hilfe die Produktivität eines Arbeitenden oder die Kultur eines Unternehmens bewertet wurden. Maßgeblich für die Angestellten war in erster Linie die Höhe ihres Gehalts, weniger bedeutsam waren der Inhalt ihrer Arbeit, die soziale Qualität des Arbeitsumfeldes oder Möglichkeiten der Selbstverwirklichung. Um des Geldes willen zu arbeiten war ein nüchternes Ziel, das die Sachlichkeit des Arbeitsumfeldes adäquat widerspiegelte. Kommunikation, Sozialkompetenz oder Kreativität wurden eher als Störfaktoren wahrgenommen und in das Private, und damit in die Sphäre des »Weiblichen« verwiesen: miteinander reden, Bedürfnisse und Interessen ausgleichen, die »Truppe« zusammenhalten. Gerade weil man sie für Expertinnen auf diesen Gebieten hielt und ihr Auftreten ansonsten als unsachlich galt, wurde Frauen der Zugang zu genau jener Sphäre der Arbeitswelt verwehrt, die Karriereambitionen voraussetzt und entsprechende Chancen bietet.

Die durchgängige Standardisierung der Arbeitswelt, ihr vorsätzlicher Mangel an Sinnlichkeit und vermeintlich »weichen« Faktoren erzeugte aber auch ein starkes Unbehagen angesichts des zum bloßen Funktionsträger verkommenen, im Innersten entkernten Menschen. Dieses Unbehagen sickerte bis in die damals erfolgreichen Kinderbücher durch. Bei *Momo* sind es die stets in graue Anzüge gekleideten Zeitsparer, die nicht nur im anthroposophischen Weltentwurf eine soziale Bedrohung darstellen. Sie spiegeln die Angst wider, die kalkulierenden Befehlsempfänger könnten die Herrschaft auch in jenen Lebensbereichen übernehmen, die nichtfunktionalisiert, familiär und vor allem *frei* bleiben sollten.

Grau schien damals die einzig passende Farbe zu sein, die das Leben eines Angestellten in einem Unternehmen veranschaulichte. Grau war der Flanellanzug, in dem er täglich zur Arbeit ging, bunt dagegen die Welt der Frauen und Kinder, von der er nach Feierabend bestenfalls eine Ahnung bekam. Die Welt der Arbeit galt als eine Welt ohne Gefühle, in der die Menschen emotional verarmen konnten, eine Welt also, die dem, was man unter »Weiblichkeit« verstand, diametral entgegengesetzt war.

Erinnern wir uns an die kleinen, gerahmten und sorgfältig auf dem Schreibtisch platzierten Fotos von Frau und Kindern, die typischerweise als Fenster fungierten in jene Welt, die all das repräsentierte, was eben nicht Arbeit war. Solche Bilderrahmen sind zwar auch heute nicht gänzlich aus den Büros verschwunden, doch der sehnsüchtige Charakter ist ihnen verloren gegangen. Das, was die Bilder repräsentierten – Familienglück, Zuneigung, Geborgenheit –, wird heute in die Arbeit selbst verschoben. Arbeit soll nicht mehr die graue Gegenseite zur Freizeit sein, sondern selbst jene Sehnsüchte erfüllen, die ehedem mit freier Zeit verbunden wurden: Selbstverwirklichung, Individualität und Sinn. Arbeit generell hat heute die Vervollkommnung der eigenen Person zum Ziel; die einzelnen Aufstiegsstufen sind ein »persönlicher Weg«, ein »project of the self«.[5]

In der negativen Utopie (genauer gesagt: Dystopie) von *Der Circle* wird auch dieser Aspekt eindrücklich beschrieben: Nachdem Mae ihre gesamten privaten Daten, ihre Fotos und Urlaubserinnerungen auf den Server des »Circle« hochgeladen hat, erscheint eines ihrer Urlaubsbilder – ohne Vorwarnung – als überlebensgroße Bildprojektion in der Lobby des Unternehmens. Maes Urlaubsglück ist hier nichts Privates mehr, es wird vereinnahmt und benutzt, um ihre totale Identifikation mit dem Unternehmen zu demonstrieren und das Image des Unternehmens mit privatem

Glück positiv aufzuladen. Perfekt inszenierte Produktpräsentationen (wie bei Apple) und Aufforderungen, private Bilder mit dem iPhone in die Cloud hochzuladen, legen den Schluss nahe, dass die von Eggers entworfene negative Utopie/Dystopie inzwischen Wirklichkeit geworden sein könnte.

Selbstverwirklichung und Überforderung

Längst sind die Mitarbeitenden weit mehr als bloße Funktionsträger: Sie sind eine Ressource. Angestellte sind nicht mehr grau, sondern im stylischen Businesslook gekleidet. Die Grenzen ihres Arbeitsbereichs und ihrer Arbeitszeit sind nicht länger fest umrissen, sondern werden mehr oder weniger von ihnen selbst bestimmt. Gefragt ist nicht das akribische Erledigen übertragener Arbeit, sondern das vollständige Sicheinbringen in ein Unternehmen, die Identifikation mit dessen Zielen und dessen Kultur. Gefragt ist ein schöpferischer, sich selbst entfaltender und sich gleichzeitig mit anderen vernetzender Akteur im Dienste des Unternehmens. Das »unternehmerische Selbst«[6] ist das moderne Leitbild des Mitarbeiters, auf das sämtliche Arbeitsprozesse ab der mittleren Managementebene aufwärts – zumindest dem Anspruch nach – abgestimmt sind. Zufriedenheit oder gar Erfüllung im Job ist kein Glücksfall mehr, sondern eine Selbstverständlichkeit – die zudem vollständig in der Verantwortung des Arbeitnehmers liegt.

Karriere muss heutzutage eigenständig organisiert und geplant werden, die Arbeitenden sind zu regelrechten »UnternehmerInnen« geworden, die ihre Arbeitskraft systematisch vermarkten. Sie betreiben diese Vermarktung – im Gegensatz zu C. C. Baxter – jedoch nicht, weil es sich dabei um eine schlichte finanzielle

Notwendigkeit handelt, sondern weil sie sich selbst verwirklichen wollen – und *müssen.*

Um Karriere zu machen, bewegen sich die Beschäftigten nicht selten an der Grenze zur *Selbst*ausbeutung. Und immer öfter überschreiten sie diese auch. Denn ihre *Selbst*verwirklichung mithilfe der Karriere erscheint als ein lebenslanges, prinzipiell nicht abschließbares Projekt, und das »Ankommen« ist nahezu ausgeschlossen. Die Spirale der permanenten und doch stets unabgeschlossenen *Selbst*verbesserung birgt gravierende Gefahren für Individuum und Gesellschaft: Stresskrankheiten wie Burn-out oder Depression, Schlaflosigkeit, körperliche Beschwerden wie Kopf- oder Rückenschmerzen, permanentes Überforderungsgefühl – um nur einige zu nennen.

Doch nicht nur das Selbstbild des Arbeitnehmers hat sich gewandelt, sondern auch die konkreten Anforderungen an ihn haben sich grundlegend geändert: Längst ist er kein Robotorwesen mehr, das von seinen Vorgesetzten gesteuert wird. Vielmehr wird erwartet, dass er ein sich selbst motivierender, kreativer Performer ist, der sich einbringt, Zielvorgaben umsetzt und Ergebnisse ansprechend zu präsentieren weiß. Was Arbeit ist, wo sie stattfindet und wie sie zeitlich begrenzt ist, hängt in zunehmendem Maße von der Eigenorganisation der Beschäftigten ab. Eine hohe zeitliche Verfügbarkeit und Mobilität werden stillschweigend vorausgesetzt.

Was C.C. Baxter in der Satire *Das Appartement* erlebt, ist für viele Menschen heute bereits Realität geworden: Um auf der Karriereleiter nach oben zu steigen, bringt er sogar einige Nächte auf einer Parkbank zu. *Nach Hause* kann er nicht, denn dieses Zuhause ist im Wortsinn von der Arbeit *besetzt.* Worüber sich C.C. Baxter jedoch noch aufregen durfte – er beschwert sich in einer Szene über die schlaflos verbrachte Nacht – das ist im »Circle« bereits selbstverständlich geworden. Mae, die anfangs noch außerhalb des »Circle« wohnt, schätzt sich glücklich, als sie endlich einen Platz in der begehrten Wohnsiedlung auf dem Unternehmenscampus erhält. Sie erlebt die Preisgabe ihrer Person an den Konzern als etwas Positives – und vielleicht ist ebendies das wahrhaft Beängstigende.

Viele der von mir interviewten Führungskräfte bestätigen diese umfassende Vereinnahmung ihrer Person: Sie nehmen ihre Arbeit mit nach Hause, weil sie den Anforderungen sonst nicht gerecht werden können und weil ohnehin nicht klar definiert ist, wo sie ihre Arbeit erledigen müssen.

> »Ich habe Wochenenden geopfert, ich habe auch schon 36 Stunden am Stück durchgearbeitet, ohne schlafen zu gehen und zu Hause gewesen zu sein. Und das war irgendwann zu viel. Da kommt man an seine Grenzen. Das kann man auf Dauer nicht durchhalten.« *(Hannelore S., 38)*

Die Arbeit hat sich ins Privatleben ausgedehnt – das Private ist beruflich geworden:

> »Dann kriegt man eine irre Anzahl von Projekten, deren Fertigstellung in diesem Jahr zu erfolgen hat. Und wenn man sagt, ich habe hier bloß 30 Leute, ich bräuchte für diese Arbeit aber 50, wird das vom Gruppenleiter ignoriert, und es heißt: Die Projekte müssen fertig werden, wie du das schaffst, ist uns egal.« *(Ulrich R., 39)*

Die Konsequenz: Immer mehr Menschen checken ihre beruflichen Mails im Urlaub, im Fitnessstudio, vor dem Zubettgehen und sprechen mit Freunden von ihrer Arbeit, als wäre sie der eigentlich relevante Teil ihrer Identität.

Im Gegenzug bieten viele Unternehmen ihren Mitarbeitenden heute Freizeit- und Erholungsmöglichkeiten am Arbeitsplatz, inklusive Firmenkita. Die KollegInnen sind heute keine Menschen mehr, mit denen der Mitarbeiter nach Zufallsprinzip in einen Raum gesteckt wird, die er vielleicht mag oder nicht, sondern eine Art zweiter Familie – zumindest wollen es die Unternehmen so. Das, was die Arbeitenden früher in der Freizeit zu finden hofften, jene Belohnungen für die Entbehrung täglicher Plackerei an unergonomischen Arbeitsplätzen, wird nun vom Unternehmen in Form von Tischtennisplatten, Lunchyoga und Afterworkpartys bereitgestellt.

All dies dient sowohl dem Wohlbefinden der Angestellten zum Zweck gesteigerter Produktivität und Identifikation mit dem Unternehmen als auch ihrer totalen Kontrolle und Vereinnahmung. Die Motivation zur Selbstverwirklichung und zum optimalen Management der eigenen Arbeitskraft auf der Seite der Arbeitenden und das Interesse des Unternehmens nach stets leistungsbereiten, produktiven, begeisterten MitarbeiterInnen sind komplementär miteinander verzahnt. Die gute Nachricht für die ArbeitnehmerInnen lautet: Die eigenverantwortlichen, sich selbst verwirklichenden, weitgehend weisungsfrei agierenden Beschäftigten sind vom Unternehmen ausdrücklich gewünscht. Denn sie sind weit produktiver als die traditionellen Befehlsempfänger. Der Preis dafür ist der Zugriff auf die Arbeitenden als »ganze Person« und der Zwang zur permanenten Selbstoptimierung.

»Wenn man um fünf geht und der Chef zu einem sagt: ›Ich wusste gar nicht, dass du einen halben Tag Urlaub beantragt hast‹, dann denke ich: Das war früher mal lustig. Mittlerweile finde ich das nicht mehr lustig!« *(Judith K., 43)*

Aus von oben verordneten, sich stets wiederholenden Aufgaben sind heute abstrakte Zielvorgaben geworden, *Projekte*, welche die Chance bieten, sich auszuzeichnen, und um die viele KollegInnen konkurrieren. Die Mitarbeit an diesen Projekten erfolgt nicht per se auf Anweisung, sondern wird durchaus als freiwilliges Engagement verstanden, das bedingungs- und grenzenlos ist. Anders gesagt: Die von Beschäftigten und Unternehmen gleichermaßen gewollte Selbstbestimmung des Arbeitenden ist Fluch und Segen zugleich. Diese Gemengelage setzt, wie gesagt, Arbeitsbedingungen voraus, bei denen sich die Mitarbeitenden als »ganze Person« einbringen können und angenommen fühlen. Ansonsten droht angesichts einer endlosen Flut unüberschaubarer Ansprüche die Gefahr der Überforderung und des Burn-outs. Denn die Mechanismen, mit denen Selbstentfaltung so umcodiert wird, dass sie zu den Umsatzzielen eines Unternehmens passt, sind subtil und befördern bedrohliche Prozesse der Entgrenzung, die noch lange nicht abgeschlossen sind.

Privatheit als Ressource

Viele meiner InterviewpartnerInnen verlassen ihre Unternehmen und sogar ihre Berufe, weil sie mit den widersprüchlichen Forderungen nicht zurechtkommen. Sie sollen und wollen den Ansprüchen gerecht werden, aber vieles ist eben noch nicht realisierbar: Authentizität *und* Angepasstheit, Flexibilität *und* Stabilität, Innovationsfähigkeit *und* Autoritätshörigkeit, autonomes Zeitmanagement *und* rigide Zeitvorgaben, Leistungszuwachs *und* Leistungsqualität – ein derart *entgrenztes* Arbeiten in fixen *Grenzen* (also extrem paradoxes Agieren) führt zu unlösbaren Konflikten.

Betrachten wir beispielsweise die Degeneration des Begriffs

»Hobby«, dem inzwischen fast ein verstaubter Klang anhaftet. Wer neben seinem Job ein Hobby braucht, so die Logik der Entgrenzung, scheint seine Erfüllung in der Arbeit nicht recht zu finden und ist höchstwahrscheinlich der Falsche für den Job. Natürlich wird in Bewerbungsgesprächen nach wie vor gerne die Freizeitgestaltung der BewerberInnen thematisiert, aber vor allem, um zu überprüfen, ob sie in ihrer Freizeit Dinge tun, die ihre Kompetenzen so fördern, dass sie auch dem Unternehmen zugutekommen. Wer gerne Sport macht, ist im Job belastbar. Wer ein Instrument spielt, kann diese Kreativität womöglich in seine Arbeit einbringen. Wer gerne reist, kann dem Unternehmen eventuell neue Märkte erschließen. Verräterisch sind hier auch die Rede vom »Ausgleich«, den jemand von seiner Arbeit sucht, und der viel gepriesene Begriff »Work-Life-Balance«. Nicht um das Austarieren der Sphären Arbeit und Nichtarbeit geht es dabei, sondern um das Aufladen der Batterien für das nächste Projekt.

Vor allem die interne Unternehmenskommunikation wird von der Logik der Entgrenzung erfasst. Früher war die Kommunikation in Unternehmen klaren Regeln unterworfen. Sie war an eine formale Sprache und an vorgeschriebene Wege gebunden, die jedem vertraut und stets gleichlautend waren. Ein persönliches Gespräch mit einem Ranghöheren setzte einen Termin und eine Vorbereitung voraus. Informelle Kontakte mit dem Chef waren offiziell nicht vorgesehen. Gleiches galt für informelle Gespräche unter den Mitarbeitenden auf dem Gang oder von Schreibtisch zu Schreibtisch. Diese Art *horizontaler* Kommunikation wurde als Störfaktor angesehen, der von der Arbeit ablenkte und nach Möglichkeit unterbunden werden sollte.

Heute versuchen Unternehmen gezielt, auch informelle Kommunikationskanäle zu befördern. In den Teeküchen soll Ähnliches wie in der Nachbarschaft an der Haustür passieren. Zufälliger, spontaner Austausch unter den Kollegen soll Synergien schaffen und zugleich die soziale Kontrolle erhöhen. Die Architekten der Zentrale von Unilever Deutschland planten beispielsweise bewusst »informelle Räume« zwischen verschiedenen Abteilungen ein, in denen eine »gemütlichere« Atmosphäre herrschen und auf diese Weise kreative Synergie entstehen sollte. Dies ist mittlerweile Normalität.

Entgrenzung und »Weiblichkeit«

Diese Entwicklung lässt sich kritisch kommentieren, sie lässt sich aber auch als Befreiung der ArbeitnehmerInnen aus alten Zwängen und inhaltlichen Korsetts begrüßen. Fest steht: Sie ist nicht umkehrbar. Und was mir noch wichtiger erscheint: Sie ist eine große Chance für Frauen.

Dies mag auf den ersten Blick überraschen. Doch es ist nicht zu übersehen, dass die inhalts- und aufgabenorientierte Arbeitsauffassung, die vornehmlich bei Frauen zu finden ist, ihre ausgeprägte Organisationsfähigkeit und Selbstreflektiertheit sowie die viel zitierten *Soft Skills* – jenes Set an sozialen und kommunikativen Fähigkeiten, das traditionell vor allem weiblichen Personen zugeschrieben wird – die Beschäftigten in die Lage versetzt, eine entgrenzte Arbeitswelt sinnvoll zu meistern.

Frauen sind heute vielfach besser ausgebildet als Männer, sozial und kommunikativ kompetenter, teamorientierter, nicht selten auch belastbarer. Nie war der Stellenwert von Kommunikation, Kreativität, Selbstentfaltung und selbstverantwortlichem, nichtdirektivem Handeln in Unternehmen höher, nie die Bedürfnisse (mittel)großer Konzerne so sehr mit jenen Tugenden verbunden, die früher als weiblich galten. An vielen Baustellen gleichzeitig arbeiten, hohem Stress ausgesetzt sein, empathisch und sachlich kommunizieren, kritisch hinterfragen, in Teams arbeiten, sich selbst organisieren, mit potenziell Unplanbarem umgehen, flexibel den eigenen Tag managen – all dies sind Dinge, die Frauen immer schon, zumal als Mütter, gelebt haben. Für Frauen ist es normal, dass sich Privat- und Berufsleben einander annähern oder überschneiden, schließlich organisieren sie sich und ihre Arbeit seit Jahrhunderten selbst.

Es ist daher nicht übertrieben zu behaupten: Frauen sind bereits bestens für die Anforderungen der neuen Arbeitswelt gerüstet, und es kann nur erstaunen, dass sich dieser Wettbewerbsvorteil noch nicht in aktuellen Gleichstellungszahlen widerspiegelt. Woran liegt das?

Parallelität der Strukturen

Verantwortlich dafür ist aus meiner Sicht die strukturelle Trägheit unserer Unternehmen, die sich in einer anstrengenden, oft schwer handhabbaren *Parallelität* von »alten« und »neuen« Arbeitsstrukturen und -kulturen äußert.

Denn obwohl die großen Unternehmen damit werben, ihren Beschäftigten, egal, ob männlich oder weiblich, vom Firmenhandy bis zum Homeoffice alles bieten zu können, ist zu konstatieren, dass die »alte« Arbeitswelt mit ihren starren Hierarchien, rigiden Strukturen und überlebten Kulturen noch längst nicht ausgedient hat.

Zwar verbreiten sich sukzessive die neuen, flexiblen, entgrenzten Strukturen der Wissensökonomie, die alten bleiben aber in vielen Fällen bestehen. Diese Tatsache ist wenig verwunderlich, denn die Veränderung fest etablierter Verhaltensregeln und Handlungsmuster ist ein langwieriger, immer mit Rückschritten und Widersprüchen verbundener Prozess.

> »Man ist doch so sehr in diesen Strukturen gefangen. Wenn wir uns vor fünf Jahren unterhalten hätten, hätte ich wahrscheinlich genau das Gleiche gesagt, und ich befürchte fast, in fünf Jahren sage ich vielleicht wieder das Gleiche: Bis sich da etwas ändert, das ist schwer.« *(Mia P., 36)*

Die Parallelität von Strukturen, die in deutlichem Widerstreit miteinander liegen, stellt sowohl Männer als auch Frauen vor Herausforderungen. In der Mehrzahl sind es jedoch Frauen, die besonders unter diesem Umstand zu leiden haben, da die alten, stark hierarchischen und machtbasierten Strukturen, die sie immer wieder behindern und ihnen Hürden in den Weg stellen, »männlich« geprägt sind.

So machen zum Beispiel Karriereslogans wie »up or out« deutlich, dass Stillstand nicht erwünscht ist.[7] Alles, was mit der Einschränkung oder gar Abwehr von Entgrenzung und »Sich-voll-Einbringen« zu tun hat – zum Beispiel Auszeiten oder Teilzeitarbeit –, wird als Defizit in der Logik der unternehmerischen Vereinnahmung der »ganzen Person« angesehen. Ein Thema, das nach wie vor fast nur Frauen betrifft.

Auch die Einstellungs- und Beförderungskriterien für (hoch) qualifizierte Führungskräfte sind nach wie vor geprägt vom Prinzip »think manager, think male«. Es wird weiterhin auf »männertypische« Merkmale wie Durchsetzungsstärke, Dominanz und Status gesetzt, obwohl diese in der Wissensökonomie nicht mehr wichtig und teilweise sogar kontraproduktiv sind.

Selbst der Anwesenheitsmythos, den wir bei C.C. Baxter in

Reinform beobachten konnten und der für Frauen mit Fürsorgepflichten grundsätzlich problematischer ist als für Männer, bleibt in vielen Unternehmen ungebrochen. Die Unternehmen erwarten von ihren Beschäftigten Flexibilität und Eigenverantwortlichkeit, nur: Selbst bestimmen, wo und wann sie arbeiten wollen, das ermöglichen die Firmen ihnen nicht.

Viele der von mir interviewten ArbeitnehmerInnen haben mithin das (gelegentlich von Zynismus grundierte) Gefühl, mit ihren Vorstellungen von selbstverantwortlicher, sinnvoller und kreativer Arbeit, die von den Unternehmen ausdrücklich gewünscht wird, gegen eine Wand aus verkrusteten Strukturen zu laufen.

> »Wir hatten eine Runde, meine erste, in die ich neu hereingekommen bin. Ich mit der Haltung: jung, dynamisch, immer nach vorne, und alles läuft, und wir kriegen das schon hin. Dort saßen fünf Leiter, die da schon zwanzig Jahre sitzen. Sie haben sich zusammengetan und haben mich mundtot gemacht. Nach der Devise: ›Die geht uns hier auf den Sender, das ist uns alles zu stressig, die will plötzlich alles neu machen und anders und hat dabei eigentlich nur die kleinste Einheit.‹ Mir wurde sehr deutlich gespiegelt: ›Halte dich mal zurück! Wir wollen das hier nicht.‹ Das nenne ich verkrustet!« *(Johanna L., 32)*

Dem neuen Ideal der Selbstbestimmung und Selbstorganisation steht in der Realität also noch immer die alte fordistisch-bürokratische Arbeitsauffassung gegenüber, bei der es um Kontrolle statt um Entfaltung geht. Faktisch, so erleben es viele, wird ihnen eine souveräne Entscheidung darüber, wie sie ihre Arbeit organisieren wollen, nicht zugestanden.

»Vielen meiner Kollegen wird oft reingeredet von oben. Die werden stark kontrolliert. Da wird viel fremdbestimmt. Es gibt wenig Spielraum, selbst zu gestalten, selbst zu entscheiden.« *(Guido T., 34)*

»Es gab bis vor einem Jahr keine Zielvereinbarungen, sondern ein Zieldiktat! Man bekam einen Zettel auf den Tisch: Da unterschreiben. Fertig!« *(Markus H., 32)*

Auch die modernen Kommunikationsmittel, die es vielfach ermöglichen, die Wissensarbeit von unterwegs oder von zu Hause aus zu erledigen, funktionieren in der Praxis oftmals nicht als freiheitsstiftende Möglichkeit von Selbstorganisation, sondern als effektives Mittel zur Kontrolle des Mitarbeitenden. Dies wird von den jungen Führungskräften deutlich beklagt.

»Aber ich empfinde es fast als väterlich zu sagen: ›Ich entscheide, ob du in der Lage bist, dich selber zu steuern, dein Blackberry auszuschalten.« *(Mia P., 36)*

Schlussendlich sorgen die alten Strukturen dafür, dass sich Frauen tendenziell noch immer vor die Wahl gestellt sehen: »Kind oder Karriere?«. Fakt ist: Mütter gehen weiterhin deutlich seltener einer Erwerbstätigkeit nach als ihre Partner. 2012 waren sechs von zehn Frauen mit minderjährigen Kindern (60 Prozent) in Deutschland erwerbstätig. Für Männer ist eine Familiengründung dagegen kaum mit einer beruflichen Veränderung verbunden: Unter den Vätern blieben 84 Prozent voll erwerbstätig. Zwar wird allgemein viel von flexiblen Vereinbarkeitsmodellen gesprochen, aber wenn es ernst wird, werden diese von Unternehmensseite nur selten zugestanden. Gerade Teilzeitmodelle bringen für die betroffenen Frauen Nachteile, die mit der Reduktion von

Arbeitszeit allein nicht zu begründen beziehungsweise zu rechtfertigen sind. Die Wahl, in Teilzeit zu arbeiten, wird nicht als Beweis dafür gesehen, dass die betroffenen Frauen zu Selbstorganisation und Management vielfältiger Ansprüche in der Lage sind, sondern als Entscheidung gegen die Karriere und damit gegen das Unternehmen. Den Frauen, die in Teilzeit arbeiten, wird unterstellt, sich zugunsten von Familie, also von »Nichtarbeit«, aus der »richtigen« Arbeit zurückzuziehen. Das Managementpotenzial, das Teilzeitmütter in das Unternehmen einspeisen könnten, wird aufgrund alter Denkmuster verschenkt.

> »Wir haben etliche Mütter in Teilzeit, die zum Beispiel gesagt haben, sie würden mehr Stunden arbeiten, wenn es möglich wäre, dass sie um 15 Uhr nach Hause gehen und dann von 20 Uhr bis 22 Uhr noch was machen – wenn die Kinder im Bett sind. Das ist aber in unserem Arbeitszeitvertrag nicht vorgesehen. Es besteht eine Kluft zwischen theoretischem Anspruch und unternehmerischer Praxis.« *(Maria J.,52)*

So machen viele Frauen die Erfahrung, als Mutter in einer Führungsposition in Teilzeit unerwünscht zu sein. Und wenn sie schließlich in den Beruf zurückkehren, werden sie dort wie »Erwerbstätige zweiter Güte«[8] behandelt. Eine Frau, die Mutter ist, kann keine vollwertige Arbeitskraft sein – dieses Vorurteil aus der »alten« Arbeitswelt sitzt tief. Es bewirkt, dass sich die Arbeitnehmerinnen weiterhin zwischen Familie und Beruf entscheiden müssen, und zwar auch dann, wenn sie – zum Beispiel gemeinsam mit ihrem Partner – anbieten, ihre Elternschaft flexibel an den Erfordernissen ihres Jobs auszurichten. Nur selten wird ihnen diese Chance zugestanden.

»Ich habe ein Dreivierteljahr, bevor ich wiederkam, den intensiveren Kontakt zum Job aufgenommen. Doch da traf ich auf einmal auf blankes Erstaunen, wie ich denn auf die Idee kommen könnte, hier in der Führungsposition überhaupt in Teilzeit arbeiten zu wollen. Ich stand also vor dem Fakt: Einerseits hat man es mir schon längst bewilligt, und auf der anderen Seite jetzt aber diese totale Ablehnung. Und das hat mich getroffen! Ich bin ja nicht nur hingekommen und habe gesagt: ›Kuckuck, ich komme wieder‹, sondern ich hatte ein Konzept mit Vertretungslösungen etc. Und ich fand schräg, dass man überhaupt nicht drüber nachdenken wollte. Das war schon ein Bruch für mich, ja.« *(Marion H., 39)*

»Die haben mich wirklich massivst angegangen. Ich müsste mich jetzt entscheiden. Ich habe gesagt: ›Ich muss mich gar nicht entscheiden. Ich habe dem Unternehmen mitgeteilt, dass ich schwanger bin und dass ich vorhabe, nach einem Jahr wiederzukommen.‹ Nein, das ginge jetzt nicht. Und sie würden mir eine Alternativstelle anbieten, aber: ›Einen Tod müssen Sie sterben. Entweder Karriere oder Familie.‹ Da muss ich sagen, war ich natürlich auch erst mal bedient.« *(Irmgard P., 39)*

Durchhalten

Diese Erkenntnisse scheinen auf den ersten (und vielleicht auch zweiten Blick) ernüchternd. Die Folgen der Mehrbelastung, der »aufgezwungenen« Flexibilität nach Bedarf des Unternehmens, der Zwang zur permanenten Selbstoptimierung auf der einen sowie das hartnäckige Festhalten an »alten« Arbeitsstrukturen und eingespielten Mustern auf der anderen Seite stellen Männer wie Frauen vor enorme Herausforderungen. Zusätzlich haftet Frauen – trotz gesellschaftlichem Wertewandel – das alte Bild an, neben dem Beruf hauptsächlich für die Familienbetreuung zuständig zu sein, wodurch ihnen die Fähigkeit, den erhöhten Anforderungen gerecht zu werden, von vornherein abgesprochen wird.

Doch auch Frauen, die kinderlos bleiben, sind nach wie vor weniger erfolgreich: Ihre Kollegen verdienen schon einige Jahre nach Berufseinstieg mehr, und der Umfang ihrer Führungs- und Personalverantwortung ist deutlich größer. Männer steigen schneller und weiter auf, Frauen bleiben früher stecken.

Männer, die ambitioniert auf das Vorstands- beziehungsweise Senior Executive Level hinarbeiten, erreichen diese Position sehr viel häufiger als Frauen. 2015 sind in Deutschland von insgesamt 910 Vorstandssitzen lediglich 57 weiblich besetzt. Bei den hundert größten Unternehmen ist der Frauenanteil in den Vorständen lediglich von vier auf gut fünf Prozent gestiegen.[9]

In den größten deutschen DAX-Konzernen sind zwischen 2012 und 2014 von insgesamt 17 Frauen auf Vorstandsposten sieben wieder ausgeschieden, und zwar unfreiwillig. Mit anderen Worten: Fast jede zweite Topmanagerin in Deutschland scheitert, sucht die Ursachen bei sich selber und verlässt das Unternehmen. Dagegen steigt lediglich jeder vierte Topmanager aus, weiß sich strategisch und selbstbewusst zu verteidigen und wechselt zeitnah in andere Topjobs. So wundert es nicht, dass McKinsey 2012 bei der Befragung von 4000 Angestellten feststellte, dass 36 Prozent der Männer Vorstandsvorsitzende werden wollten, aber nur 18 Prozent der Frauen.[10]

Um mit einem weiteren Vorurteil aufzuräumen: Damit sind Frauen *nicht* stillschweigend einverstanden. Auch Frauen *wollen* heute, genauso wie Männer, Karriere machen. Sie streben hoch bezahlte Laufbahnen an und wollen sich selbst als Führungspersönlichkeit einbringen und den Wandel der Arbeitswelt mitgestalten.

Die gute Nachricht lautet: Jetzt haben sie die Möglichkeit dazu, sie müssen sie aber auch ergreifen. Denn eines steht fest: Die traditionellen, auf männliche Verhaltensrepertoires ausgerichteten Methoden der Unternehmensführung passen nicht mehr zu den Herausforderungen eines globalen Wettbewerbs. Die asymmetrischen Machtverhältnisse, welche die Zusammenarbeit von Frauen und Männern in Unternehmen während der letzten Jahrzehnte bestimmt haben, lassen sich nicht ungebrochen fortsetzen, und zwar sowohl aus ökonomischer als auch aus menschlicher Sicht. Die Anforderungen der globalen Wirtschaft setzen explizit weiblich konnotierte Kompetenzen und Arbeitsauffassungen beziehungsweise -haltungen voraus. Die ehemals stabilen Machtpositionen männlicher Führungskräfte und Manager werden bereits jetzt zunehmend durch ProjektleiterInnen, TeamkoordinatorInnen und BeraterInnen in temporären Projektkonstellationen ergänzt, ersetzt oder unterlaufen.[11] Jetzt ist es möglich, die Herausforderungen des strategischen und betriebsorganisatorischen Wandels in »neuem Geist«, das heißt auch geschlechtergerecht, zu meistern, indem der *Ab*bau von traditionellen Hierarchien mit dem *Auf*bau von transparenten Informationsflüssen, fluiden Entscheidungsstrukturen, flexiblen Arbeitszeitmodellen und temporären Funktionsrollen verbunden wird und durch eine sich wandelnde Kultur des Umgangs miteinander, des Arbeitsethos, der Führungsstile und maßgeblich der Rollenzuschreibungen und -erwartungen begleitet wird.

Entsprechend sollte modernes Human Resources Management schon heute konsequent auf selbstbestimmt und kooperativ tätige

MitarbeiterInnen setzen, die sich sowohl mit ihrer Arbeit als auch mit den Zielen des Unternehmens identifizieren können. Bei der Personalauswahl sollte auf Individualität und Eigenständigkeit geachtet und die operationellen Freiräume für die Mitarbeitenden vergrößert werden. Hierarchien müssten weiterhin abgebaut und kommunitäre Strukturen wie Teamarbeit gestärkt werden. Gewiss, damit geht nicht per se eine menschenwürdigere, geschlechtergerechte Arbeitsethik einher. In den meisten Fällen handeln die Unternehmen aus reinem Eigeninteresse: erhöhte Leistungsbereitschaft, geringere Kontrollkosten, Ausschöpfung aller vorhandenen Handlungspotenziale. Dies erzeugt Phänomene von Entgrenzung und Entfremdung, die es zu beobachten und zu kritisieren gilt.

Nichtsdestotrotz eröffnet dieser Wandel den Frauen die Chance, endlich die Strukturen (mit)zuschaffen, die ihnen gleichberechtigte Teilhabe und gleiche Chancen ermöglichen.

Was Frauen bislang noch am Aufstieg hindert, sind nicht die Zumutungen der »neuen« Arbeitswelt, sondern die Vermächtnisse der »alten«, die strukturell und kulturell ungebrochen fortbestehen. Welche das sind und wie Frauen ihnen begegnen können, ist Gegenstand dieses Buches. Denn nur wenn sie die Paradoxien der »alten« und »neuen« Arbeitswelt (er)kennen und durchschauen, können sie das Ruder herumreißen und die »neue« Arbeitswelt nachhaltig in ihrem Sinne mitgestalten. Fest steht schon jetzt: Es lohnt sich durchzuhalten und sich nicht beirren zu lassen.

Vielleicht kann dabei beides hilfreich sein: Maes grenzenlose Begeisterung und ihre Bereitschaft, sich immer wieder auf Neues einzulassen, ebenso wie C. C. Baxters Bewusstsein, dass im Hintergrund noch andere (vom Film entlarvend in Szene gesetzte) Einflüsse wirken, die in der Karriereplanung keine geringe Rolle spielen.

Kapitel 2

Mythen erkennen!

> »Ich gehörte zu jenen fünfzehn, die ein P mit Stern [Bestnote] bekommen haben. Und deswegen habe ich mich gewundert, weshalb man mir trotzdem nicht die versprochene Führung des Departments gegeben hat. Das hat mich schon sehr geärgert.«
> *(Maria J., 52)*

Die junge Werbetexterin schluckt ihre Selbstzweifel hinunter und sieht konzentriert, vielleicht ein wenig angestrengt in die Runde. Ihr gegenüber sitzen drei Männer um die fünfzig, Repräsentanten eines potenziellen Kunden: des großen amerikanischen Lebensmittelkonzerns Heinz. In der Arena des Büros sind sie gleichzeitig das Publikum und die Punktrichter der bevorstehenden Bewährungsprobe. Für die aufstrebende Texterin ist die Präsentation ihrer Kampagne von immenser Bedeutung; sie entscheidet darüber, ob die Werbeagentur, für die sie arbeitet, den Zuschlag als Werbepartner für die schwächelnde Produktlinie »Heinz Baked Beans« erhält.

Im Laufe ihrer Berufstätigkeit hat sie als Frau gelernt, sich allein unter Männern auf dem schmalen Grat zwischen übertriebenem Ehrgeiz und authentischem Engagement, zwischen Durchsetzungsstärke und Teamgeist zu bewegen. Sie will die Tatsache, dass sie eine Frau ist, nicht verbergen, schreckt aber davor zurück, das ihr fremde Gehabe und oftmals sexistische Verhalten der Kollegen und Chefs offen zu kritisieren. Im Gegensatz zu ihren Vorgesetzten erlaubt sie sich nicht, Businesslunches bis in den Nachmittag hinein auszudehnen, um 16 Uhr den ersten Drink zu nehmen oder ihre Arbeitszeit mit Prestige- und Machtkämpfen zu vergeuden. Ihrem beruflichen Erfolg hat sie vieles geopfert, nicht zuletzt ihr Privatleben, und sie will nur durch eines überzeugen: Leistung.

Lange hat sie an ihrer Präsentation gefeilt und an diesem Tag auch ihr Outfit, ein schwarz-weißes, betont modisches, aber hochgeschlossenes Kleid, mit Bedacht gewählt. Nichts will sie dem Zufall überlassen.

Doch kaum hat sie die ersten Worte gesprochen, da ist der Widerwille bei den anwesenden Männern bereits zu spüren. Ein leichtes Stirnrunzeln, aufeinandergepresste Lippen, ein kurzer Austausch der Blicke genügen den Managern von Heinz, um sich gegenseitig ihr Befremden mitzuteilen. Nicht Zorn oder Missbilligung steht in ihren Gesichtern, eher eine herablassende Verwunderung, die sich aus dem tiefsten Inneren ihres beruflichen, »männlichen« Selbstverständnisses speist.

Im Zentrum des neuen Werbekonzepts steht ein TV-Spot, der zeigt, wie heitere Heinz-Bohnen in Zeitlupe eine Art Tanz aufführen, der zu allem Überfluss auch noch Ballett genannt wird.

Der Heinz-Manager macht aus seinem Unbehagen keinen Hehl. »Haben Sie schon mal Bohnen von nahem gesehen?«, fragt er die junge Frau in einem Ton, als spräche er mit einem kleinen Mädchen, das von der realen, unerbittlichen Welt keine Ahnung hat. Im nächsten Satz assoziiert er Bohnen mit blutigen Nieren und dem Koreakrieg, mit Welten also, die ihr unzugänglich sind. Anders gesagt: Anstatt inhaltlich auf ihre Präsentation einzugehen, konfrontiert er sie indirekt mit ihrem Geschlecht.

Als die junge Frau ihre Idee energisch und selbstbewusst verteidigt, anstatt sich eingeschüchtert in der Ecke zu verkriechen, wird das Klima im Raum frostig. Ihr bleibt schließlich nur, durch ein Nicken ihren männlichen Vorgesetzten, der die Szene hinter einer gläsernen Wand beobachtet, um Hilfe zu bitten.

Sobald der Creative Director den Raum betritt, hellen sich die Mienen der Heinz-Manager auf. Sie scheinen erleichtert über die Intervention eines männlichen Wesens, mit dem sie reden können. Der Creative Director versucht gar nicht erst, seine Mitarbeiterin in Schutz zu nehmen und den Managern das Bohnenballett schmackhaft zu machen, sondern äußert Verständnis für ihr Befremden. Statt sich hinter seine Texterin zu stellen, lässt er sie auflaufen und vertröstet die Männer von Heinz in jovialaufgeräumter Manier auf das nächste Meeting, bei dem neue Vorschläge geliefert werden sollen.

Diese Szene spielt in den Sechzigerjahren, in der fünften Staffel der erfolgreichen TV-Serie *Mad Men,* wie die Werber aus der Madison Avenue im New York jener Jahre genannt wurden. Die Serie ist nicht zuletzt deswegen interessant, weil genau diese amerikanischen Werbeleute als Vorreiter der Wissensökonomie angesehen werden können und jene Entgrenzung und *Im*materialisierung von Arbeit vorwegnahmen, die wir heute als selbstverständlich empfinden. In der Serie kämpfen die junge Texterin Peggy Olson, die als Sekretärin beginnt, und Don Draper, der charismatische, manchmal mehr, manchmal weniger alkoholisierte Creative Director, aber auch mit den starren Geschlechterrollen jener Zeit. Denn so fortschrittlich ihr Blick auf die Arbeitswelt ist, so unmodern und stereotyp ist ihr Umgang mit den geschlechtlichen Rollenbildern. Genau diese Parallelität von »alt« und »neu« begleitet uns bis heute.

In den Sechzigerjahren war eine Zurückweisung, wie sie Peggy Olson erlebte, nichts Ungewöhnliches für ambitionierte und junge Berufsfrauen. In Wahrheit galt die Ablehnung nicht ihren

Leistungen, sondern ihrem Geschlecht. Insofern – so sollte man meinen – bildet *Mad Men* eine vergangene, aus heutiger Sicht überholte Zeit ab, in der Emanzipation und Feminismus noch zu den Kampfzonen einiger Exotinnen zählten. In der Serie können wir zudem mit wehmütigem oder mitleidigem Blick das Aufkommen der ersten, im Gegensatz zu heute lächerlich leistungsarmen und zugleich sperrigen Kopierer verfolgen, die alten Autos bestaunen und die nostalgisch anmutenden Haushaltsgeräte.

Autos, Haushaltsgeräte oder Kopierer haben sich dank des technologischen Fortschritts in den letzten Jahrzehnten rasant weiterentwickelt. Es ist jedoch schwer, einen vergleichbaren Fortschritt in Bezug auf die geschlechtlichen Klischees und Rollenerwartungen in der Arbeitswelt zu konstatieren. Und die Serie *Mad Men* wäre heute wohl nicht so erfolgreich, würde sie nicht auch Realitäten abbilden, die sich keineswegs so grundlegend verändert haben wie die Computertechnologie oder das Automobil.

Die überwiegende Mehrheit der Frauen in den großen Unternehmen macht, wie meine Studien belegen, Erfahrungen, die jenen von Peggy Olson erstaunlich ähnlich sind.

Hartnäckige Vorurteile

Besonders deutlich zeigt sich dies in meinen Befragungen von Managerinnen der heutigen Generation 50 plus aus Deutschland, Österreich und der Schweiz. Sie haben im Laufe ihrer beruflichen Karriere die Wirkmächtigkeit der »gläsernen Decke« in erschreckender Konsequenz erlebt. Die gläserne Decke ist – wie die Metapher hinreichend deutlich macht – unsichtbar und gerade deshalb sehr effizient. Häufig können diese Frauen keinen konkreten Grund benennen, warum ihnen der nächste und im

Prinzip letzte, entscheidende Schritt auf der Karriereleiter verwehrt bleibt. Sie beobachten lediglich, dass männliche Kollegen auf dem Weg nach oben beziehungsweise in die Chefetagen erfolgreicher waren, allerdings ohne bessere Leistungen oder mehr Engagement vorzuweisen.

»Es hat nicht alles mit mir zu tun; es hat viel damit zu tun, wie Organisationen strukturiert sind, wie männliche Hierarchien funktionieren. Ich empfand es als sehr entlastend zu merken, nicht ich bin an allem schuld. Ich kann zwar mein Verhalten ändern, damit ändere ich aber bestimmte Rahmenbedingungen noch nicht. Wenn ich heute merke, hier geht es einfach nicht weiter, unabhängig von meiner Person, und ich kann es alleine nicht stemmen, dann weiß ich, dass es nicht an mir, sondern an der gläsernen Decke liegt.« *(Maria J., 52)*

»Wie wird eine Frau hier in Deutschland denn gesehen? Wird sie überhaupt ernst genommen? Kann sie einfach die ganze geschäftliche Runde einladen, erst Essen, und anschließend besuchen wir noch ein paar Etablissements? Kann sie die Scherze ab, die da in der Männerwelt nach wie vor umhergeistern?« *(Petra E., 56)*

Aber auch Frauen, die heute Mitte dreißig sind und sich in der Rushhour des Lebens befinden, wenn die Karriere entweder an Fahrt aufnimmt oder versandet, kennen die Probleme, mit denen Peggy Olson seinerzeit zu kämpfen hatte. Sie erleben eine männlichdominierte Kultur, ein Klima, das durchtränkt ist mit Vorurteilen und veralteten Geschlechterstereotypen. Nicht nur weil die Firmenleitungen beziehungsweise hochrangigen männlichen Vorgesetzten oft selbst aus der Generation 50 plus stammen, sondern auch, weil jüngere männliche Kollegen die weibliche Konkurrenz als Einschränkung ihrer eigenen Aufstiegsmöglichkeiten fürchten. Die wenigen Managerinnen wiederum, die es bis in die Vorstandsetagen geschafft haben und als Vorbild für die jüngeren Frauen gelten könnten, sind – so besagt ein weiteres Ergebnis der Studie 50 plus – in vielen Fällen wieder ausgestiegen, da sie ihre Ansprüche und Vorstellungen nicht verwirklichen konnten.

Leider hat dieser Ausstieg von Vorstands- und Führungsfrauen in mittleren und großen Unternehmen nicht zu einem Umdenken oder einer kritischen Bestandsaufnahme der unternehmerischen Kultur geführt, sondern diese im Gegenteil weiter zementiert. Frauen, so eine verbreitete Annahme, sind den Anforderungen im Topmanagement, das heißt in den Machtzentralen des Unternehmens, einfach nicht gewachsen.

Die Situation ist paradox: Einerseits erscheinen uns Aussagen wie »Eine Frau gehört nicht in den Vorstand« oder »Führung ist Männersache« als hoffnungslos rückständig, andererseits ist die Lage für Frauen im (Top-)Management keine grundlegend andere als vor fünfzig Jahren: Sie sind eine Ausnahme, eine Normabweichung, der, wenn nicht offen misstrauisch, zumindest mit Skepsis begegnet wird.

Die Ursache des Problems liegt demnach tiefer, jenseits der wechselnden Strömungen des Zeitgeistes.

Zweifellos haben sich arbeitsrechtliche Vorschriften, Standards im Umgang der Geschlechter (Corporate-Governance-Manuals) und Absichtserklärungen von Unternehmen in Bezug auf ihre »gender policy« zum Positiven verändert. Auch gibt es immer mehr Väter, die gerne weniger arbeiten und mehr Zeit aktiv mit ihrer Familie verbringen wollen; es gibt Vorstandsvorsitzende, denen es gegen den Strich geht, dabei zuzusehen, wie ihre bestens ausgebildeten Töchter hinter den Söhnen ihrer Kollegen zurückbleiben. Dennoch: Es ist *eine* Sache, beispielsweise eine Klage wegen sexueller Diskriminierung bis vor den Bundesgerichtshof zu bringen und dort Recht zugesprochen zu bekommen. Oder sich eine Abfindung zu erklagen, weil der Arbeitgeber die junge Mutter nicht zurück an ihren Arbeitsplatz lassen will. Eine ganz andere Sache ist es, eine von Geschlechterklischees durchdrungene Unternehmenskultur grundlegend zu verändern. Dieser Prozess ist komplizierter und dauert ungleich länger. Er kann nicht von Gerichten verordnet, sondern muss von Individuen und Unternehmen gleichermaßen *gelebt* werden.

Anders gesagt: Es handelt sich weniger um ein Problem unserer gesellschaftlichen Genderpolitik – diese ist in vielen Fällen der beruflichen Wirklichkeit weit voraus –, sondern um ein Problem der Unternehmens*kultur*.

Der Organisationspsychologe Edgar Schein vom MIT (Massachusetts Institute of Technology) beschreibt Unternehmenskulturen als »die Summe aller gemeinsamen und selbstverständlichen Annahmen«, die in einem Unternehmen gültig sind – wie beispielsweise die stillschweigende Be- oder Missachtung von Hierarchien, Dienstwegen oder Vorschriften; unausgesprochene Regeln im Umgang mit Verwaltungsangelegenheiten; autoritative oder partizipative Führungsstile, die Vereinbarung, den jeweiligen Chef zu duzen oder zu siezen; E-Mails standardmäßig mit »LG« zu beenden; bis hin zu offiziellen Grußformen oder Kleiderordnungen – und zum Umgang der Geschlechter miteinander.

Es sollte leicht sein, diese stillschweigenden Vereinbarungen zu verändern, so scheint es, beispielsweise durch Etablierung konkreter »codes of conduct«. Allerdings sind all jene Glaubenssätze, nicht hinterfragten Denkgewohnheiten, impliziten Erwartungen und Verhaltensroutinen, die das Klima in einem Unternehmen bestimmen, oft unsichtbar und schwer zu identifizieren. Auch sie gehören zu einer Unternehmenskultur. Dies macht die Sache so kompliziert, denn eine Kultur kann sich erst dann wandeln, wenn die Träger und Meinungsführer dieser Kultur – in unserem Fall Unternehmensleitungen und Mitarbeitende gleichermaßen – ihre unbewussten und handlungsleitenden Glaubenssätze erkennen und kritisch hinterfragen.

Ebendies ist in Bezug auf Geschlechterstereotype gar nicht so einfach, denn die Glaubenssätze über das andere Geschlecht speisen sich aus Vorstellungen, die das Zusammenleben von Frauen und Männern über Jahrhunderte hinweg geregelt haben. Es lässt sich sagen, dass es sich dabei um Mythen handelt, die so tief in uns verwurzelt sind, dass unsere Identität zu einem großen Teil aus ihnen erwächst. Die zumeist unhinterfragten Annahmen, Zuschreibungen und Vorstellungen über das andere Geschlecht sind ein essenzieller Teil von uns. Angriffe auf diese mythischen Vorstellungen sind immer auch Angriffe auf unser Selbst- und Weltbild.

Darüber hinaus haben diese Leitbilder eine Geschlechterordnung begründet, die durch höchst *ungleiche* Macht- und Chancenverteilung gekennzeichnet ist und die Gestaltungsräume von Frauen und Männern jeweils bestimmten Sphären zuordnet. Den Männern ist der öffentliche Raum zugedacht, in dem Macht repräsentiert, akkumuliert und ausgeübt wird, also Wirtschaft und Politik, wirkmächtige Entscheidungszirkel und gesellschaftliche Institutionen wie Kirche, Recht, Bildung etc. – den Frauen bleibt die private Sphäre häuslicher Einflussnahme überlassen. Es versteht sich von selbst, dass die Bewohner der Machtsphäre, die Männer also, von jeher versucht haben, ihr Privileg gegen alle weiblichen Forderungen nach Teilhabe zu verteidigen.

Heute jedoch hat sich diese historische Ausgangslage grundlegend geändert. Dies haben wir nicht allein dem allgemeinen gesellschaftlichen Fortschritt, sondern erstaunlicherweise auch der Globalisierung zu verdanken. Durch den erhöhten Konkurrenzdruck, der mit ihr einhergeht, ist der Wandel der Unternehmenskulturen nämlich nicht nur eine Frage der Geschlechtergerechtigkeit, sondern gleichermaßen notwendig für Unternehmen, die auf dem Weltmarkt wettbewerbsfähig bleiben wollen.

Insbesondere die team- und kommunikationsdichten Arbeitsprozesse der Wissensökonomie (siehe Kap. 1) erfordern flexible Rahmenbedingungen ohne hierarchische Hindernisse und offene Handlungsräume für die Innovationskraft *aller* Beteiligten, also auch beider Geschlechter. Dieser Forderung wird zwar durch die oft grenzenlosen Ansprüche an die Leistungsbereitschaft der weiblichen wie männlichen Mitarbeitenden entsprochen. Ihre Umsetzung auf Unternehmensseite wird jedoch durch verkrustete Organisationstrukturen, die an überkommenen Normen der traditionellen Geschlechterordnung festhalten, massiv behindert. Damit schaden sich die Unternehmen selbst.

Zurück zu den Mythen.
Seit jeher ist unsere Kultur von Mythen durchsetzt. Die alte Vorstellung von Göttern, die unser Schicksal lenken, lässt sich beispielsweise ebenso als ein Mythos verstehen wie die moderne Idee von Konsumprodukten, die unser Lebensglück steigern. Mythen sind sinnstiftende, gemeinschaftsbildende Erzählungen, die unser Weltbild prägen, unsere Wahrnehmung und unseren Alltag. Das Wort Mythos bezeichnet eine Geschichte, in der eine Ordnung etabliert, eine Welt gedeutet wird. Wir kennen Mythen vornehmlich aus der Antike, doch auch heute bilden sie das gesellschaftlich Unbewusste, ein Reservoir von Wertvorstellungen, das jederzeit aktiviert werden kann.

Allerdings sind die einzelnen Elemente dieser Erzählungen keine Tatsachen, sondern sinnstiftende Fiktionen. Sie sind – streng genommen – weder wahr noch falsch, sondern verknüpfen, ähnlich wie die Werber in *Mad Men*, bestimmte Eigenschaften mit bestimmten Objekten. Werbebotschaften bauen oft auf Mythen auf, und manchmal gelingt es ihnen sogar, neue Mythen zu erschaffen.

Ein Mythos muss sehr oft erzählt werden, bis er zum Glaubenssatz werden kann und schließlich als etwas Naturgegebenes erscheint. *Jesus war Gottes Sohn. Frauen können nicht einparken. Red Bull verleiht Flügel.*

Die Mythen über Frauen am Arbeitsplatz sind heute genauso aktuell und wirkmächtig wie vor dreißig Jahren. Sie gruppieren sich grob um zwei Fragen: Wie eine Mitarbeiterin in einem Unternehmen auftreten solle, ja, wie sie als Frau *zu sein* habe, und wie sich ihr Wert für das Unternehmen verändere, wenn sie Mutter wird. Anders gesagt: Der Mythos Weiblichkeit und der Mythos Mutter.

Mythos Weiblichkeit

Im Prinzip lassen sich unterschiedliche Muster identifizieren, die die Beurteilungen von Frauen in großen Unternehmen prägen.[1] Sie geben klare Hinweise, warum weibliche Führungskräfte in deutschen Unternehmen so selten ins Topmanagement aufsteigen oder Vorstandspositionen bekleiden.

Konservativ denkende Manager aus Wirtschaftsunternehmen sind häufig der quasi-naturrechtlichen Ansicht, dass Frauen in Vorständen schlicht nichts zu suchen hätten – und zwar aufgrund ihres Geschlechts. Sie hegen vornehmlich die Befürchtung, Frauen könnten in den »inner circle«, das Machtzentrum eines Unternehmens, vordringen und dort die Netzwerke und eingespielten Verhaltens- und Kommunikationswege (»the way we do business«) stören. »Think manager – think male« lautet der Mythos, an den diese Männer glauben.

Etwas subtiler ist die moderne Variante des Platzverweises: Frauen seien zwar theoretisch im Vorstand willkommen, doch mangle es ihnen leider an den dazu nötigen Fähigkeiten. Sie seien nicht belastbar, nicht kampferprobt oder schlichtweg nicht durchsetzungsfähig genug. Auch hier soll die Frau offensichtlich vom Machtzentrum ferngehalten werden, lediglich die Begründung ist eine andere. Empirisch kann sie übrigens nicht belegt werden; es zeigt sich im Gegenteil, dass Frauen, die es ins Management geschafft haben, im Laufe ihrer Karriere stets eine besonders hohe Produktivität aufwiesen. Sie waren gezwungen, die Vorurteile über sie durch höhere Leistungen zu kompensieren.[2]

Populär ist auch der Mythos, Frauen seien zwar durchaus in der Lage, Führungsverantwortung zu übernehmen, es mangle ihnen keineswegs an Fähigkeiten, und sie seien in den Vorstandsetagen auch gerne gesehen. Nur ließen sich leider nicht genügend qualifizierte Bewerberinnen auftreiben. Empirisch gibt es auch dafür keine Belege; doch diese Behauptung verbindet ebenso elegant wie politisch korrekt die alten Zustände – Frauen bleiben Führungspositionen fern – mit einer vermeintlich frauenfreundlichen Einstellung. Als eine Journalistin im Jahr 2001 bei der Presseabteilung der Deutschen Bank anfragte, wieso keine Frauen im Vorstand seien, bekam sie zur Antwort: »Wir hatten mal eine Frau im Vorstand. Aber die ist leider verstorben.«[3]

Der wirkungsmächtigste Mythos jedoch ist nach wie vor jener, demzufolge Frauen emotionale, fürsorgliche und zart besaitete Geschöpfe seien, die in der Arbeitswelt auf Realitäten stoßen, die ihnen schaden und die sie von sich selbst entfremden. Auf Vorstandsebene, so die verbreitete Ansicht unter Managern, gehe es »hart« zu, alles werde der Effizienz und dem Erfolg untergeordnet, für Befindlichkeiten gebe es keinen Platz. Deshalb sei es für Frauen besser, wenn sie in diese Bereiche, wo die Luft dünn ist, gar nicht erst vordringen. Frauen, die es trotzdem versuchen, heißt es weiter, würden sich in ihrer Weiblichkeit unnatürlich verbiegen und könnten deswegen nicht authentisch wirken. In einer Studie des Bundesministeriums für Familie, Senioren, Frauen und Jugend (BMFSFJ) von 2010 wird ein Manager mit den Worten zitiert: »Das Problem, das meiner Meinung nach Frauen in Führungspositionen haben, ist, dass sie sich zu männlich geben.«[4] Ein anderer glaubt ebenfalls, hinreichende Erfahrungen über unauthentische, weil zu männliche Frauen zu besitzen, und gibt zu Protokoll: »Zu spröde. Sie können auch sagen: Männerimitat. Das fängt damit an, dass die klassische Bekleidung einer Karrierefrau der Hosenanzug ist. Grauenhaft. Aber das merken die nicht. Die Imitation durch den Anzug hilft doch nicht weiter. Dann eine relativ strenge Frisur, sehr dezent geschminkt, perfekt, passt immer alles zusammen, kein Thema. Nur, wie gesagt, Sie sehen es auf drei Meilen.«[5]

An die Stelle des Platzverweises ist also die paternalistische Geste getreten, die Frauen vor einer Welt beschützen will, in der sie sich nur selber schaden und die zugleich narzisstisch unterstreicht, dass jene Männer, die sich heute in den Vorstandsetagen befinden, besonders hart und männlich sein müssen. Hinter der angeblichen Sorge um die Frau scheint zudem eine Vorstellung auf, wie Frauen zu sein haben, um attraktiv und sympathisch zu wirken: unterwürfig und nicht mit ihren Reizen geizend. Eine Frau, die sich im Führungsgerangel auf »männliche« Art zu beweisen versucht, kann demnach keine »richtige« Frau sein.

Frauen und Führung – das passt in den Köpfen vieler Männer (und Frauen) nicht zusammen. Da ist es natürlich praktisch, weil politisch korrekter, Frauen nicht vorrangig aufgrund ihres Geschlechts, sondern wegen ihrer scheinbar mangelnden Führungsqualitäten aus den Vorstandsetagen fernzuhalten. Mit den tatsächlichen Führungskompetenzen von Frauen haben diese Behauptungen freilich zumeist nichts gemein. In fast allen relevanten Kompetenzen – Führungseffizienz, Mitarbeiterorientierung, Sachkenntnis oder Zufriedenheit ihrer MitarbeiterInnen – unterscheiden sich weibliche und männliche Führungskräfte nicht signifikant voneinander. Deutliche Unterschiede zeigen sich, neben der Lebensgestaltung, ironischerweise lediglich bei zwei Kategorien: Männliche Führungskräfte haben mehr Kinder als ihre weiblichen Kollegen und sind gleichzeitig deutlich besser bezahlt.[6] Der amerikanische Ökonom Paul Samuelson brachte es folgendermaßen auf den Punkt: »Frauen sind Männer ohne Geld.«[7] In Bezug auf weibliche Vorstände ließe sich, etwas überspitzt, hinzufügen: Frauen sind Männer ohne Geld und häufig ohne Kinder.

Diese und ähnliche Mythen erschweren Frauen jedoch nicht nur die Demontage der gläsernen Decke. Sie führen auch dazu, dass die Handlungsspielräume von Frauen zusätzlich durch gläserne *Wände* beschnitten werden. Anders gesagt: Oftmals ist der Aufstieg von Frauen, wenn überhaupt, nur in bestimmten Unternehmensressorts »zugelassen«. Üblicherweise steigen Frauen im Personalwesen beziehungsweise Human Ressources (HR) oder in der Öffentlichkeitsarbeit beziehungsweise Public Relations (PR) auf. Beide Bereiche befinden sich zwar offiziell auf gleicher Ebene mit den übrigen Vorständen, sind traditionell aber mit erheblich weniger Macht und Prestige ausgestattet. Die strategisch relevanten Abteilungen wie Finanzen, Marketing oder Produktion bleiben mehrheitlich weiterhin fest in den Händen der Männer. Es drängt sich der Gedanke auf, dass es sich bei der weiblichen Besetzung von Personalvorständen vor allem um ein »Alibi« handelt, »um die mangelnde Vielfalt im Unternehmen zu überdecken«[8], wie es Thomas Sattelberger 2014 formuliert, der einst zum Vorstand der Telekom gehörte. Auch hier also derselbe Befund: Hinter dem scheinbar modernen Gesicht eines Unternehmens mit einem verhältnismäßig hohen Frauenanteil bleiben – quasi subkutan – die alten Mechanismen wirksam, Frauen von Machtzentren fernzuhalten oder, in den Worten von Sattelberger: »Diejenigen, die sich laut über fehlenden Nachschub aus der Pipeline beschweren, schnüren sie doch selbst ab.«[9]

Mythos Mutter

Viele Frauen jenseits der fünfundzwanzig, die schon einmal ein Bewerbungsgespräch geführt haben, kennen die subtilen, nie ganz die Schwelle zur offenen Diskriminierung überschreitenden Fragen nach dem Privatleben. Es wird nach der Wohnsituation gefragt, nach der Mobilität, Hobbys, Reisezielen und manchmal auch offen nach einem Freund oder Ehemann. Selbst wenn es kein Personaler zugeben würde, geschieht dies, um die Frau nach ihrer Haltung in Bezug auf ihre Familienplanung und die Rolle, die sie sich als potenzielle Mutter dabei zuschreibt, abzutasten. Ab einem gewissen Alter werden Frauen grundsätzlich als zukünftige Mütter angesehen. In der Logik eines Unternehmens bedeutet dies: als mögliche Ausfallkandidatinnen.

Obwohl eine unwahre Antwort auf die Frage, ob eine Bewerberin schwanger sei oder zu werden gedenke, im Bewerbungsgespräch inzwischen arbeitsrechtlich erlaubt ist, haben nur wenige Frauen Lust, ihre Lebensplanung vor ihrem Arbeitgeber als Geheimsache zu behandeln, zumal sie bei einer vorsätzlichen Falschaussage womöglich mit Schikanen rechnen müssen. Die Unternehmen, so heißt es lapidar, müssten schließlich ihre Personalsituation und Personalkosten kalkulieren und die Frauen deshalb aus nüchternem Eigeninteresse leider zum Thema Familie befragen.

Doch in den Köpfen der Personaler geht es um weit mehr als nur die Befürchtung, womöglich einmal eine Schwangerschaftsvertretung für die junge Bewerberin finden zu müssen. Allein die Möglichkeit einer Schwangerschaft aktiviert ein Denkmuster, das die Kriterien, nach denen Frauen beurteilt werden, maßgeblich beeinflusst: den Mythos Mutter.

Sobald eine Frau, ob potenziell oder real, mit dem Etikett »Mutter« versehen wird, wirkt sich dies auf die Einschätzung ihrer beruflichen Kompetenzen, zeitlichen Ressourcen und ihrer Leistungsbereitschaft aus.

»A good mother is always there«[10]

Eine Mutter, so der Mythos, ist emotional und gedanklich vorrangig mit ihrem Kind beschäftigt, egal, ob sie sich gerade auf Geschäftsreise, in einem Meeting, in der Kaffeepause oder an ihrem Schreibtisch befindet. Einer »normalen« Mutter wird die Fähigkeit, sich voll auf ihren Beruf konzentrieren zu können, schlicht abgesprochen. Vor diesem Hintergrund ist es nur bedingt hilfreich, wenn beispielsweise der Konzern IBM stillenden Müttern auf Geschäftsreisen anbietet, ihre abgepumpte Muttermilch per Expressversand zu ihrem Baby nach Hause zu schicken. Wäre es nicht viel wichtiger, grundsätzlich über praktikable Vereinbarkeitsmodelle nachzudenken?

Dass es hierbei jedoch nicht vorrangig um ein Problem der Vereinbarkeit geht, sondern um Wahrnehmungen, Erwartungen und Kulturen, zeigt deutlich ein Vergleich mit den USA. In den USA ist das System der Kinderbetreuung sehr viel schlechter entwickelt; es gibt weder Kindergeld noch Elterngeld noch geförderte Kitaplätze. Trotzdem sitzen dort in den entsprechenden Chefetagen mehr Frauen als hierzulande.

Natürlich wird nicht behauptet, eine Frau werde durch ihre Schwangerschaft weniger kompetent als Arbeitskraft, obwohl selbst diese Meinung in Flurgesprächen mit den vermeintlich lustig gemeinten Schlagwörtern »Schwangerschaftsdemenz« oder »Stillamnesie« vertreten wird.

Dem Mythos zufolge steht jedoch fest, dass eine Mutter sich nicht hundertprozentig in ihren Job einbringen kann – auch dann nicht, wenn ihre Kinder tagsüber in Betreuung sind. Wie sehr sie sich auch anstrengt: Die Organisation der Kinderbetreuung, die emotionale Geiselhaft, die Last des schlechten Gewissens, nicht rund um die Uhr für ihr Kind da sein zu können, werden als eine Bindung von Kräften ausgelegt, die ihr – und zwar nur *ihr* – im Job fehlen; aber das virtuose Managen von Kindern, Familie und Beruf wird ihr so gut wie nie als ein Plus an Motivation und Leistungsbereitschaft, Kreativität und Flexibilität gutgeschrieben.

Dabei hat sich längst gezeigt, dass ausgeprägte Kompetenzen hinsichtlich flexibler Organisation, Interessenausgleich, Multitasking, Risikobewusstsein oder auch Orientierung an Nachhaltigkeitsgesichtspunkten der Wirtschaft keineswegs abträglich sind oder ein Unternehmen weniger leistungsfähig machen. Das Gegenteil ist der Fall: Als während der Finanzkrise beispielsweise ein Großteil der isländischen Unternehmen pleiteging oder mit massiven Problemen zu kämpfen hatte, gehörte Audur Capital, benannt nach Audur, einer Wikingerin, zu den wenigen isländischen Investmentfonds, welche die Krise überstehen konnten. Audur Capital wird von zwei Isländerinnen geführt, die ganz bewusst auf weiblich konnotierte Interessen setzen: weniger kurzfristige Profite und Risikobereitschaft, dafür mehr Sicherheiten und langfristige Anlagen.[11]

Mitunter jedoch werden Frauen gerade wegen ihrer spezifisch »weiblichen« Kompetenzen eingestellt. Hier sind allerdings auch fragwürdige Absichten im Spiel. Mir ist beispielsweise ein Fall bekannt, wo ein Headhunter ausdrücklich nach einer Frau fahnden sollte. Beauftragt hatte ihn eine internationale Hotelkette, die jemanden für die Koordination ihrer europäischen Hotelniederlassungen suchte; denn nur eine Frau – so die schlichte Annahme – könne die vorprogrammierten Konflikte zwischen den einzelnen Länderkulturen lösen. Gesucht wurde »lediglich« eine Kandidatin für Gewährleistungsarbeit, nicht jedoch eine Managerin mit einem breiten Kompetenzprofil und hoher Leistungsbereitschaft.

Sicher: Wer Mutter wird, möchte unter Umständen eine gewisse Zeit herunterschalten oder vom Job fernbleiben. Nicht jede Frau ist bereit, sich an »Vorbildern« wie der Yahoo-Chefin Marissa Mayer oder der ehemaligen französischen Justizministerin Rachida Dati zu orientieren, die sofort nach der Entbindung weiterarbeiteten. Doch ganz gleich, wofür sich eine junge Mutter entscheidet, festzuhalten ist: Das Kompetenzdefizit, welches eine Frau durch die Identifikation mit der Mutterrolle im Gegensatz zu ihren möglichen Väterkollegen zugeschrieben wird, lässt sich nicht belegen. Es beruht vor allem auf Zuschreibungen, nach denen beispielsweise die Beschäftigung mit den Bedürfnissen von Kleinkindern als eine Tätigkeit angesehen wird, die mit den Anforderungen hoher Positionen in Management oder Vorstand nicht vereinbar sei.

Auch die Unterstellung, dass Mütter generell eine höhere Fluktuationsrate, also eine häufigere Abwesenheit vom Arbeitsplatz, aufweisen als Männer, ist nachweislich falsch. Dass es sich auch dabei um einen Mythos handelt, belegen die Zahlen. In der Realität war der Fluktuationsunterschied immer schon verschwindend gering: Weibliche Führungskräfte zeigen eine durchschnittliche Fluktuationsrate von gut fünf Prozent, männliche Führungskräfte von circa vier Prozent. In kleinen Unternehmen sind die Fluktuationsraten der Frauen sogar niedriger als die der Männer.[12] Die Bereitschaft der Frauen, trotz Mutterschaft mit unverändertem Einsatz weiterzuarbeiten, zeigt sich in all meinen Studien:

> »Auch bei schwierigen Entwicklungen muss man als Führungskraft am Ball bleiben. Für mich wäre es unmöglich gewesen, mein Team, meine Leute alleine zu lassen.« *(Petra E., 56)*

> »Du kannst nicht in der Krise aussteigen. Du kannst dann gehen, wenn das Ding wieder ordentlich fährt. Du musst als Kapitän an Bord bleiben.« *(Marianne F., 51)*

> »Ich hätte mich nicht wohlgefühlt, vorher zu gehen. Ich meine, das kann man immer machen. Aber das Modell Handtuch schmeißen finde ich nicht so gut.« *(Gertrud F., 61)*

Fakt ist: Es stellt für ein Unternehmen *kein* größeres Risiko dar, eine junge Frau anstelle eines jungen Mannes einzustellen. Im Gegenteil: Viele der stärksten Volkswirtschaften, wie etwa die USA und einige skandinavische Länder, sind deswegen so erfolgreich, weil sie auch Vorreiter bei der Chancengleichheit sind, so die Ökonomin Margarete Drzeniek Hanouz für das Weltwirtschaftsforum. Sie schlussfolgert: »Es gibt einen starken Zusammenhang zwischen der Geschlechtergleichheit und der Wettbewerbsfähigkeit eines Landes.«[13]

Dass sich der Mythos Mutter dennoch so hartnäckig hält, hat nicht allein mit den bestehenden Vorurteilen, sondern auch mit dem besonderen Charakter von Bewerbungssituationen zu tun. Sie sind geprägt von einem gleichzeitigen Mangel an Zeit und Information. Wie der Ökonom und Nobelpreisträger Gary S. Becker gezeigt hat, sind es vor allem die Erwartungen an die künftige Arbeitsproduktivität eines Kandidaten, die über eine Einstellung oder Beförderung entscheiden. Allerdings ist es kaum möglich, bei einer Vielzahl von BewerberInnen, die sich eventuell nur schriftlich oder in einem kurzen Gespräch vorstellen können, alle Informationen zu ermitteln, die nötig wären, um verlässliche Aussagen über die zu erwartende Produktivität der Bewerberin oder des Bewerbers zu treffen. Deshalb geschieht in einer Bewerbungssituation üblicherweise zweierlei.

Die Entscheider orientieren sich neben den formalen Kriterien und Prozeduren am durchschnittlichen Leistungsträger im Betrieb, also an *Männern*. Darüber hinaus ist die Entscheidung für den besten Kandidaten durch Intuition und subjektive Einschätzung geprägt. Diese sind nicht zuletzt durch Geschlechtermythen geleitet und bringen eingeschliffene Denkmuster zum Vorschein, nach denen Männer als Träger von Leistung und Qualifikation, Frauen primär als Vertreterinnen ihres Geschlechts, das immer auch mit Mutterschaft assoziiert wird, beurteilt werden.[14] Anders gesagt: Männer hauen rein und powern durch, Frauen werden irgendwann schwanger und sind dann nicht mehr produktiv. Unternehmensloyalität, Inhaltsorientierung, Teamfähigkeit, Kommunikationsvermögen, soziale Kompetenzen, Einfühlungsvermögen oder eine auf Nachhaltigkeit und Achtsamkeit gerichtete Arbeitshaltung spielen in diesem Denkmuster erwartungsgemäß keine Rolle – obwohl sie in der neuen Arbeitswelt dringend benötigt werden.

Dass eine fürsorgliche Mutterschaft und eine ambitionierte Karriere unvereinbar sind, wird dem Mythos gemäß übrigens auch dann unterstellt, wenn Frauen dem Unternehmen konkrete

Pläne und Vorschläge zur praktischen Vereinbarkeit vorlegen. Ich habe mit zahlreichen Frauen gesprochen, die ihren Wiedereinstieg perfekt geplant und vorbereitet hatten, aber dennoch auf große Widerstände stießen:

> »Ich konnte mich gar nicht entscheiden. Und nach Möglichkeiten, das hinzukriegen, hat mich keiner gefragt. Es hieß: Entweder kümmern Sie sich um ihr Kind. Oder Sie machen bei uns Karriere. Dass beides gehen könnte, das ging denen nicht in den Kopf.« *(Helga G.,42)*

Egal, wie gut einer Mutter die Verknüpfung von Beruf und Familie gelingt, in der Logik des Mythos wird sie ihr stets als Defizit ausgelegt. Sie ist entweder eine »gute Mutter«, die nicht gleichzeitig eine hundertprozentige Arbeitskraft sein kann, oder eine Rabenmutter, die eigentlich mehr Zeit mit ihren Kindern verbringen sollte. So wird in Bewerbungsgesprächen von Unternehmensseite durchaus offen – meist in Floskeln wie »voll einsatzbereit« oder »hundertprozentiges Commitment« – darauf hingewiesen, dass ein Job als Führungskraft dermaßen viel Verantwortung und zeitliche Flexibilität einfordere, dass eine Frau mit Familienwunsch dabei zwangsläufig in die Bredouille käme. Übersetzt heißt dies: Wenn Frauen unbedingt Karriere machen wollen, dann müssen sie dafür in jedem Fall mit einem schlechten Gewissen bezahlen.

Zur Natur des Mythos gehört es, dass außerberufliches Engagement bei Männern komplett anders bewertet wird. Unbestreitbar ist, dass auch Männer ein beträchtliches Potenzial an Kapazitäten außerhalb ihrer beruflichen Tätigkeit binden, sei es durch das Vorantreiben privater Projekte (Hausbau, Flugschein, Marathontraining), im Ehrenamt, in der Lokalpolitik oder im Verein – und zunehmend auch als Vater. All dies wird ihnen im Lebenslauf als Plus ausgelegt. Auch eine vorübergehende Abwesenheit vom Job, das sogenannte Sabbatical, wird bei einem Mann viel positiver bewertet als bei einer Frau: Ein hochrangiger Manager, der drei Monate im Himalaja zum Wandern und Meditieren unterwegs ist, kann dies als Erweiterung seines Kompetenzportfolios verbuchen.

Rabenväter unbekannt

Wenn ein Manager eine Familie hat – ein Großteil der hoch- und höchstrangigen männlichen Führungskräfte hat mindestens zwei, oft sogar mehr als drei Kinder –, so beschädigt dies keinesfalls das Vertrauen in seine Kompetenzen oder seine zeitliche Verfügbarkeit. Im Gegenteil: Ein karriereorientierter Mann bekommt durch seine Kinder in der Außenwahrnehmung genau jenes Quäntchen Herzlichkeit oder Menschlichkeit hinzugedichtet, das ihm in seinem ansonsten auf Erfolg und Effizienz gerichteten Handeln zu fehlen scheint. Es ist beinahe müßig hinzuzufügen, dass ein Manager, der seine Kinder nur ein paar Stunden pro Woche sieht, niemals als Rabenvater gilt. Im Gegenteil: Unermüdlich beteuern Topmanager in Interviews, wie außerordentlich wichtig ihnen das Familienleben sei und dass sie es kaum erwarten könnten, ihre Kinder endlich wieder in die Arme zu schließen. Der ehemalige Topmanager Thomas Middelhoff, Vater von fünf Kindern, behauptete einmal sogar, sonntags habe die Familie für ihn allerhöchste und einzige Priorität, der gegenüber alles andere zurückstehen müsse. Für den Zeitungsartikel ließ er sich im Kinderzimmer fotografieren.[15] Eine Vorstandsfrau könnte sich so etwas niemals leisten. Zu groß wäre das Risiko, vorrangig als Mutter wahrgenommen zu werden. Männliche Führungskräfte jedoch preisen gefahrlos ihr Familienleben, denn sie wissen genau: Solche Bekundungen färben nicht auf die Beurteilung ihrer Fähigkeiten oder ihrer Eignung im Job ab, sondern lassen sie in einem wärmeren, menschlichen Licht erscheinen. Denn es ist ja ohnehin jedem klar: Zur Not springt eben die Ehefrau ein.

Zu Recht bis ganz nach oben gelangen, so lautet eine weitere, besonders in Vorstandsetagen verbreitete Meinung, kann nur, wer in seiner Erwerbsbiografie von Anfang an »lückenlos« für seine Ziele gekämpft hat. Auch hinter dieser Vorstellung steht das Bild des männlichen Topmanagers, der nichts kennt als seine Arbeit und dieser sämtliche Aspekte seines Lebens unterordnet. Die Aussagen von Managern aus einer Studie des BMFSFJ klingen entlarvend: »Es gibt zu wenig Frauen, die heute in diese Führung hineingehen. Das hat natürlich damit zu tun, dass die Frauen wieder Kinder kriegen. Dieses Kinderkriegen ist natürlich irgendwo ein Dilemma für das Sammeln von beruflicher Erfahrung. Da ist dann eine Art Zäsur.«[16]

Mutterschaft, so die Logik, ist automatisch an mehr oder weniger lange und immer wiederkehrende Abwesenheit vom Arbeitsplatz gekoppelt und disqualifiziert Frauen für die oberen Etagen.

Auch diesem Mythos fehlt die empirische Basis, denn wie sich in Studien zeigt, sind die Biografien hinter erfolgreichen männlichen Karrieren keineswegs immer lückenlos. Jeder vierte Mann in einer Führungsposition hat seine Berufstätigkeit schon einmal unterbrochen.[17] Auch die Tatsache, dass die Anzahl von Frauen in Vorständen innereuropäisch stark schwankt – von 30 Prozent weiblichen Vorständen in den größten börsennotierten Unternehmen in Finnland, über 18 Prozent in Österreich und drei Prozent in Malta[18] –, spricht gegen die Notwendigkeit einer »lückenlosen

Erwerbsbiografie«, denn die durchschnittliche Kinderanzahl, die sogenannte Fertilitätsrate ist in Finnland mit 1,8 ebenfalls höher als in Österreich mit 1,44 und Malta mit 1,43 Kindern pro Frau.[19]

Es lässt sich sogar feststellen, dass Berufsunterbrechungen und Karrieresprünge auch einen positiven Zusammenhang aufweisen können. In einer Studie von 2010 hatten 50 Prozent aller Männer ohne Berufsunterbrechungen Karrieresprünge gemacht, aber 59 Prozent der Männer mit Berufsunterbrechung. Bei den Frauen war die Korrelation sogar noch deutlicher: 52 Prozent der Frauen mit Berufsunterbrechung durften sich über eine positiv verlaufende Karriere freuen, jedoch nur 41 Prozent der Frauen, die ihre Erwerbsbiografie noch kein einziges Mal unterbrochen hatten.[20]

Die »lückenlose Erwerbsbiografie« ist mithin keineswegs eine Voraussetzung für Führungsverantwortung, sondern eine weitere Facette jenes Mythos, der dazu dient, Frauen von den Machtzentren in Unternehmen fernzuhalten.

Fatalerweise hat der Muttermythos nicht nur Implikationen für Frauen, die Mutter werden wollen oder bereits Kinder haben. Er betrifft auch all jene Frauen, die sich gegen Kinder entscheiden. Es ist ein Irrtum zu glauben, eine Frau könne der Mythosfalle entgehen, indem sie auf Kinder verzichtet. Frauen werden spätestens ab Ende dreißig kategorisch als Mütter betrachtet – als Frauen, die gerne Mütter wären, oder als Frauen, deren vermeintlich emotionales Defizit ihnen den »natürlichen« Wunsch nach Mutterschaft unmöglich gemacht hat. Kinderlose Frauen gelten aus dieser Sicht zwangsläufig als defizitär, verbissen oder gar verbittert. Im Vergleich zu ihren männlichen Kollegen, die ihre Karriere in den Vordergrund stellen, werden sie zumindest als emotional kälter oder hemmungslos karrieristisch wahrgenommen.

Tatsächlich sind viele Frauen spätestens im oberen Management Einzelkämpferinnen, die sich im Laufe der Jahre ein dickes Fell oder einen emotionalen Panzer zugelegt haben. Als Minderheit oder gar Solitär sind sie in einer Position, in der sie tendenziell kritisch beurteilt und damit auffälliger und auch angreifbarer werden. Viele Frauen versuchen, diesen vermeintlichen Makel durch besonderen Arbeitseifer wettzumachen, was mitunter erneut zu (Vor-)Urteilen führt – ein klassischer Teufelskreis.

In meinen Interviews zeigte sich schließlich noch ein weiterer Aspekt, in dem der Weiblichkeits- und der Muttermythos unheilvoll zusammenwirken: die Vorstellung, Frauen könnten auch deswegen weniger in ihren Berufen leisten als Männer, weil im Hintergrund Partner und Familie fehlen, um ihnen den Rücken frei zu halten. Auch die Aussagen aus der Studie, die Carsten Wippermann leitete, sprechen hier Bände: »Bei Männern ist die Familie ein absolutes ›Must‹. Sie kommen sonst gar nicht in hohe Positionen. Spätestens Anfang dreißig sind sie verheiratet, und spätestens Mitte dreißig haben sie ein bis vier Kinder. Typischer Durchschnitt in unserem Konzern sind drei Kinder«, berichtet ein Manager.[21]

Verheiratet zu sein und Kinder zu haben, gilt im höheren Management augenscheinlich als Beweis für Sozial- und Managementkompetenz. Ein männlicher Vorstand mit vier Kindern wird als sozial kompetent wahrgenommen, wobei niemand infrage stellt, dass er seine ganze Energie dem Unternehmen widmet und von früh bis spät im Büro ist. Schließlich hat er eine Frau, die sich daheim um alles kümmert.

Ganz anders bei Frauen: Selbst wenn eine Vorstandsfrau einen Mann zu Hause hat, der den Haushalt schmeißt, sich um die Kinder kümmert und ihr den Rücken freihält, kommt ihr dies nicht im selben Maße zugute. Der Vorwurf, eine Rabenmutter zu sein, wird ihr ewig anhaften. Denn der Mythos besagt, dass ein Hausmann nicht in gleicher Weise für die emotionalen Bedürfnisse der Familie zuständig sein *kann*.

> »Mein damaliger Chef in Australien zum Beispiel hat jahrelang nicht begriffen, dass mein Mann *mich* bei diesem mehrjährigen Auslandsaufenthalt begleitet hat und nicht ich meinen Mann. Er konnte, wie die meisten anderen übrigens auch, nicht begreifen, dass wir einen Rollentausch vollzogen hatten, indem mein Mann den Haushalt und die Erziehung übernahm und ich den Job und das Haushaltseinkommen. Das funktioniert wunderbar, und wir alle sind damit sehr zufrieden – nur unsere Umwelt nicht.« *(Maria J., 52)*

Frauen, die es trotz all dieser Widrigkeiten bis nach oben geschafft haben, gelang der Aufstieg häufig nur unter einer Bedingung: Sie hatten einen offenen, meist männlichen Vorgesetzten, der sie förderte, ihnen den Weg nach oben ebnete und ihnen die Chance bot, ihre Fähigkeiten unter Beweis zu stellen. Genau diesen Befund finden wir auch in der eingangs beschriebenen Szene von *Mad Men* wieder: Ohne ihren Vorgesetzten und Förderer Don Draper hätte auch Peggy Olson den Aufstieg von einer Sekretärin zur Texterin nicht geschafft.

In Bezug auf die Sache mit den »Baked Beans« weiß die Serie übrigens mit einer entlarvenden Volte aufzutrumpfen: Auch bei den nächsten Präsentationen schafft es Peggy nicht, mit ihren Ideen bei den Heinz-Managern zu landen. Nach der Vorstellung ihres Slogans »Home is where the Heinz is« kommt es schließlich zum Eklat, einem handfesten Streit zwischen ihr und dem Heinz-Manager. Peggy verliert die Zuständigkeit für Heinz, und die Sache wird »unter Männern« geklärt – ihre Vorgesetzten entschuldigen sich für die Aufmüpfigkeit der jungen Frau. Heinz wird wieder von Don Draper übernommen, in dessen Gesellschaft sich die Herren von Heinz deutlich wohler fühlen.

Doch auch Don Draper will im Folgenden nichts Rechtes für einen Werbespot einfallen. Er gerät in eine kreative Flaute, bis schließlich seine Ehefrau Megan, die vormals seine Sekretärin war, unvermittelt in seinem Büro auftaucht. Sie muss sich, bevor sie überhaupt auf der sachlichen Ebene mit ihm reden kann, zunächst seinen wie selbstverständlich erfolgenden Zudringlichkeiten erwehren und erzählt ihm schließlich von einem Einfall, der ihr am vorherigen Abend gekommen ist. Draper findet ihre Idee grandios und ändert daraufhin die gesamte Kampagne. Wir sehen: Mixed Leadership kann dringend benötigte Innovationen freisetzen.

Auch der Ort, an dem diese neue Kampagne schließlich präsentiert wird, könnte nicht besser gewählt sein: Es ist nicht mehr das Büro, sondern der informelle Rahmen eines Restaurants, in welchem Don Draper, ein Kollege und der einflussreiche Manager von Heinz mit ihren jeweiligen Frauen zu Abend essen – ein Szenario, von der die alleinstehende Peggy Olson qua sozialem Stand schon ausgeschlossen wäre. Und natürlich ist es nicht Megan, sondern Don, der ihre Idee als seine eigene vorstellt und mit seiner Performance den Heinz-Manager schließlich noch vor dem Dessert überzeugt.

Und wie sieht er letztendlich aus, der erfolgreiche Pitch für »Heinz Baked Beans«? Es handelt sich um eine Reihe von Spots, die in einer Art Zeitreise immer wieder die gleiche Szene abbilden: Eine Frau in der Steinzeit, eine Frau im Mittelalter, eine Frau in der Neuzeit und sogar eine Frau in der Zukunft, die, im jeweils passenden Kostüm, Mobiliar und Ambiente, stets die gleiche, traditionelle Geste vollführt. Aus einem großen Gefäß serviert sie ihrer Familie »Baked Beans« auf die Teller. Dazu der Slogan: »Some things never change.«

Kapitel 3

Individuell performen!

> »Wer kommunizieren, also sich präsentieren kann, ist klar im Vorteil.«
> *(Peter S., 48)*

> »Wenn ein Mann 10 von 11 erreicht hat, dann heißt es: Ich bin der King. Die Frau aber erzählt nur von dem einen, der ihr fehlt, um perfekt zu sein.«
> *(Irmgard P., 39)*

Gesellschaftliche Zusammenhänge und Trends erscheinen uns oft abstrakt, schwer greifbar im alltäglichen Leben. Wie Satelliten, die aus großer Höhe die Veränderungen der Wolkenströmungen und Windverhältnisse dokumentieren, können soziologische Begriffe allgemeine Tendenzen und Strukturen kennzeichnen, die im Alltag des Einzelnen – im jeweiligen Wetter, das wir erleben – nicht direkt sichtbar sind. Manchmal aber zeigen sie sich überraschend und anschaulich in konkreten Situationen – vorausgesetzt wir wissen, wonach wir suchen.

Vor ein paar Wochen war ich bei meinen Nichten und Neffen zum Kaffee eingeladen – die Kinder hatten die Aufgabe erhalten, Plätzchen für die ganze Familie zu backen. Ich saß im Wohnzimmer und verfolgte im Augenwinkel ihre Beschäftigung. Sie hielten abwechselnd das Rührgerät, kneteten gemeinsam den Teig und stachen daraus verschiedene Formen aus. Sie waren ganz auf ihre Tätigkeit konzentriert, und von den Geräuschen in der Küche ging etwas Beruhigendes aus.

Als die Plätzchen schließlich aus dem Ofen kamen, war ich längst wieder ins Gespräch vertieft und deshalb überrascht, als mir die Jungen und Mädchen ihre Backergebnisse präsentierten.

Ich weiß nicht mehr, welche Plätzchen am Ende die besten waren, doch ich erinnere mich genau: Meine Nichte stellte ihre Schale mit Keksen still auf den Tisch. Als sie sich schon wieder abwenden wollte, fragte ihre Mutter, was sie denn da Schönes gemacht hätte. Sie sagte leise: »Ich habe Plätzchen gebacken.« Als kurz darauf mein Neffe aus der Küche kam, tönte er: »Ich bin Plätzchenbäcker!«

Ich musste lange über diese Szene nachdenken. Etwas an ihr erinnerte mich an ein Phänomen, dem ich in meinen Studien zur Arbeitswelt ebenfalls begegne. Dort stelle ich oft fest, dass sich bei Frauen und Männern weniger die Arbeitsleistung, wohl aber die *Darstellung* der eigenen Arbeit erheblich unterscheidet. Soziologisch wird in diesem Fall von »Performance« gesprochen, der Art und Weise, sich selbst unter Einsatz der ganzen Person darzustellen, zu *performen* – nicht zu verwechseln mit der »Performance« aus dem wirtschaftlichen Sprachgebrauch, in welchem unter »Performance« hauptsächlich die Leistung, der erzielte Gewinn, verstanden wird.

Die Performance von Frauen und Männern ist, wie sich immer wieder zeigt, sehr unterschiedlich. Männer tun sich leichter, sich selbst als Kompetenzträger in den Vordergrund zu rücken, und verknüpfen den Erfolg ihrer Arbeit konsequent mit der eigenen Person. Frauen hingegen neigen dazu, das eigene Licht unter den Scheffel zu stellen und die persönliche Leistung *nicht* in einen direkten Zusammenhang zu den eigenen Fähigkeiten zu bringen. Eben dies spiegelte sich auch im Verhalten der Kinder wider.

Aus der Aussage meiner Nichte folgt: Ich war fleißig! Ich habe Plätzchen gebacken! Ob das gute Ergebnis ihrer Anstrengung – die leckeren Kekse – allerdings reproduzierbar ist, bleibt in ihrer Darstellung unklar. Es könnte ebenso sehr mit Glück oder Zufall zusammenhängen wie mit ihren individuellen Fähigkeiten. Sie erweckt den Anschein: Plätzchen backen ist nichts Besonderes, das kann jeder. Die Gelegenheit, sich selbst, soziologisch gesprochen, als Leistungsträgerin darzustellen, lässt sie ungenutzt.

Ganz anders mein Neffe. Er sagt: Ich bin Plätzchenbäcker! Ohne mich geht hier gar nichts! Damit macht er klar: Seine Person ist eine Bedingung der erbrachten Leistung. Und: Er identifiziert sich mit seiner Aufgabe (»Ich *bin* Plätzchenbäcker!«) und suggeriert damit, dass er auch in künftigen Situationen eine ähnlich gute Leistung erbringen kann.

Es mag übertrieben erscheinen, solchen Sätzen von Kindern eine gesellschaftliche oder geschlechterpolitische Bedeutung beizumessen, doch aus der Wirtschaftswelt weiß ich: Es sind oft die kleinen Gesten und vermeintlich bloßen Stilfragen, die Wirkung erzielen und darüber entscheiden, wie kompetent und überzeugend jemand wahrgenommen wird.

»Männliche« und »weibliche« Strategien

Meine Annahme, dass die Differenz in den Selbstdarstellungsstrategien der Kinder in einem Zusammenhang zu ihren späteren Karrierechancen steht, ist keineswegs aus der Luft gegriffen. Bereits in den 1990er Jahren beobachtete die amerikanische Soziolinguistin Deborah Tannen das Spielverhalten von Mädchen und

Jungen im frühen Kindesalter und stellte insbesondere in Bezug auf ihr Sozialverhalten Unterschiede fest: Die Mädchen neigten dazu, Informationen innerhalb ihrer Gruppe gleichmäßig zu verteilten, und schlossen gerne sogenannte »Beziehungsdeals«, nach dem Prinzip: »Ich tausche meine Informationen mit dir, wenn du dies auch machst.« Beispielsweise informierten sie einander häufig darüber, dass ein bestimmtes Spielgerät wie Schaukel oder Klettergerüst für ein anderes Mädchen frei geworden war. Dominantes, bestimmendes Verhalten wurde dagegen von den Mädchen nicht gerne gesehen und untereinander durch Ausschluss oder Ermahnungen sanktioniert.

Die Jungen verhielten sich ganz anders: Sie versuchten vor allem, möglichst früh eine Art Rangordnung zu etablieren, wobei es nicht allein darum ging, wer die Führungsrolle innehaben würde, sondern darum, innerhalb dieser Rangordnung einen festen Platz einzunehmen. Die Klärung der Hierarchie war für die Jungen offenbar von großer Wichtigkeit. Sanktioniert wurden hier vor allem Schwankungen in den Hierarchien. Tannen ging in ihrer Studie sogar so weit, von zwei unterschiedlichen Kommunikationssystemen zu sprechen: »horizontal«, also auf Zugehörigkeit bedacht bei den Mädchen und »vertikal«, also an Rangfolge orientiert, bei den Jungen.[1]

Mit Blick auf (konflikthafte) Situationen im Berufsalltag beobachte ich immer wieder, dass Frauen – in der Logik der horizontalen Kommunikation – durch inhaltliche Argumente und Sachverstand überzeugen wollen und gerne in Wir-Form sprechen: »Mein Team hat …, Wir haben …« Männer setzen dagegen – in der Logik der vertikalen Kommunikation – problemlos inhaltsferne Argumente ein, wechseln die Ebene, sprechen in Ich-Form und greifen zu nonverbalen Mitteln wie skeptische Blicke, abweisende oder gar missachtende Körperhaltung etc. So unterschiedlich beide Kommunikationsstile sein mögen, erfolgreich sind zumeist diejenigen, die in den (noch) männlich dominierten Unternehmenskulturen vertikal kommunizieren. Dies ist kein Plädoyer für inhaltsfreie Kampfabstimmungen, sondern dafür, das Kommunikationsverhalten beider Systeme zu reflektieren und bei Bedarf passgenau einzusetzen beziehungsweise zu mixen.

Die Unterschiede in der »typischen« Geschlechterkommunikation wären nicht so dramatisch, wenn es in der sich wandelnden Ökonomie noch immer darum ginge, wiederkehrende Aufgaben gemäß festgelegter Arbeitsabläufe abzuarbeiten. In der fordistisch-bürokratischen Arbeitswelt, die wir in *Das Appartement* in Augenschein nehmen konnten, hat die Darstellung der eigenen Arbeit eine deutlich geringere Rolle gespielt, denn die Arbeitsprozesse in Büros und Fabriken waren standardisiert, und es ging vorrangig darum, sie zu erledigen.

Das dazu notwendige Sach- und Faktenwissen konnte in Form von Zertifikaten (Abschlusszeugnissen, Meisterbriefen etc.) nachgewiesen und so – wie es bei Max Weber heißt – »ohne Ansehen der Person«[2] abgerufen werden. Die Ausführenden selbst waren quasi austauschbar.

Dies hat sich inzwischen fundamental geändert. Wissensarbeit, Dienstleistungen und Kreativprozesse sind nur selten standardisierbar und vorrangig immaterieller Natur. Denn es geht in der Wissensökonomie nicht mehr um Massenproduktion, sondern um innovative, individuell auf Kunden und Märkte zugeschnittene Produkte und Problemlösungen. Um diesen komplexen und immer wieder unterschiedlichen Herausforderungen innovativ zu begegnen, werden kreative Köpfe, individuelle Kompetenzen, Teamplayer und ExpertInnen aus unterschiedlichsten Bereichen benötigt, die jeweils besondere Fähigkeiten und spezifisches Wissen mitbringen – und daher *nicht* austauschbar sind. Denn erst das individuelle Kompetenzprofil, der persönliche Zugang und das grenzenlose Engagement der MitarbeiterInnen machen Erfolg und Leistung in den Projekten der Wissensökonomie überhaupt möglich.

Doch das ist nicht der einzige Unterschied zur fordistisch-bürokratischen Arbeitswelt: Wer in der Wissensökonomie Karriere machen möchte, für den reicht es nicht mehr, lediglich exzellente Leistungen abzuliefern. Gute Arbeit wird heute überall vorausgesetzt. Sie ist die Basis einer Karriere, aber nicht die Treppe, die hinaufführt in die oberen Etagen oder in relevante Entscheidungszentren. Um in der »neuen« Arbeitswelt Karriere zu machen, kommt es mehr denn je darauf an, den eigenen Beitrag zum Unternehmenserfolg *sichtbar* zu machen. Erst die strategische, bewusst inszenierte Darstellung der eigenen Stärken und Erfolge gibt der individuellen Leistung in den Augen der Vorgesetzten einen besonderen Wert, den sie dann mit der Person verknüpfen.

Die Darstellung der eigenen Kompetenzen dient nicht so sehr dazu, den Vorgesetzten und Personalchefs zu helfen, die individuellen Stärken und Schwächen ihrer Beschäftigten in Bezug auf den tatsächlichen, messbaren Gewinn oder Verlust, den sie dem Unternehmen bringen, bewerten zu können. Dies – die Zuordnung eines konkreten individuellen Beitrags zu einem konkreten Betriebsergebnis – ist in der vernetzten, teamorientierten Welt der Wissensökonomie ohnehin kaum noch möglich.

Es geht vor allem darum, bei den Vorgesetzten und EntscheiderInnen *Vertrauen* zu schaffen – Vertrauen in die Leistungs*fähigkeit*, Vertrauen in die Kreativität, Vertrauen in die Durchsetzungskraft usw. Denn durch die Digitalisierung, Internationalisierung und Projektifizierung der *immateriellen* Arbeitsprozesse werden immer mehr SpezialistInnen beziehungsweise FachspezialistInnen benötigt. Leute, deren Aufgaben so sehr an ihre eigene Person gekoppelt sind, dass Vorgesetzte sie längst nicht mehr en détail durchschauen, geschweige denn selbst ausführen könnten oder wüssten, wer beziehungsweise was dazu genau gebraucht wird. Sie sind deswegen gezwungen, ihren MitarbeiterInnen zu *vertrauen*. Und so suchen sie bei ihren Angestellten nach Anzeichen, die vertrauenerweckend sind, und fördern jene, die ihre Kompetenzen besonders überzeugend im Sinne eines *Versprechens auf die Zukunft* präsentieren können. Oft spielen Selbstbewusstsein und Authentizität dabei eine große Rolle. Ein Manager gibt freimütig zu: »Der eine ist sehr selbstbewusst, vermittelt mir das Gefühl, der kann es. Die andere gibt mir das Gefühl, sie ist ja selber eher zweifelnd. Und dann entscheide ich mich als Vorgesetzter häufig für den, der das größere Vertrauen in sich hat – und damit vielleicht auch ausstrahlt.«[3]

Die glaubwürdige Darstellung der eigenen Stärken gilt gewissermaßen als »persönliche Bürgschaft für die offerierten Dienstleistungen« und muss an der Person selbst erkennbar sein – wie der Soziologe Sighard Neckel betont.[4] Unter solchen Bedingungen ist die Versuchung groß, sich nicht auf fachliche Kompetenzen zu verlassen, sondern Techniken wie »Bluffen, Täuschen und Verstellen«[5] zum Einsatz zu bringen, um die eigene Person ins rechte Licht zu setzen. Dies hat freilich zur Folge, dass regelmäßig Personen, die eigentlich *in*kompetent sind, sich aber bestens vermarkten können, nach oben gelangen und dort beträchtliches Unheil anrichten – von der Finanzkrise bis zu den Vorfällen bei Siemens oder Deutscher Bahn.

Solche Fehlbesetzungen mit gravierenden Konsequenzen haben auch damit zu tun, dass die Darstellung der eigenen Person in besonderer Weise Aspekte mit einschließt, die wenig mit dem Inhalt der geleisteten Arbeit zu tun haben. Der amerikanische Kommunikationspsychologe Albert Mehrabian zeigt in seinen Untersuchungen 1967[6], wie verbale Äußerungen untergehen, wenn sie in Widerspruch zu Mimik und Stimme stehen, also nicht mit der Gesamterscheinung übereinstimmen. Er behauptet sogar, dass die Überzeugungskraft einer Person maßgeblich von Körpersprache und Erscheinungsbild abhängt und kaum von verbalisierten Äußerungen, konkreten leistungsbezogenen Argumenten oder Inhalten. Die Gesamterscheinung einer Person entscheidet über ihre Außenwirkung – auch und gerade durch persönliche Merkmale wie Aussehen, Geschlecht und Alter.[7]

Impression Management

Vor diesem Hintergrund tritt eine Kompetenz in den Vordergrund, die der Sozialpsychologe Erving Goffman als »Impression Management« bezeichnet hat. Der Begriff beschreibt die Fähigkeit, das Bild, das sich zum Beispiel Kolleginnen, Projektleiter und Vorgesetzte von der eigenen Person machen, zu »kontrollieren«. Oder mit Goffmans Worten: die gezielte, strategische Steuerung der eigenen Außenwirkung. In seinem Klassiker der Soziologie *Wir alle spielen Theater* (der im englischen Original übrigens unter dem weniger reißerischen, jedoch passenderen Titel *The Presenting of Self in Everyday Life* erschienen ist) beschreibt Goffman minuziös, wie Menschen sich bewusst und unbewusst im privaten und beruflichen Alltag präsentieren.[8] Eine solche Imagebildung setzt voraus, dass die eigene Körpersprache, Kommunikation sowie Streuung von Informationen über sich selbst kontrolliert und gezielt eingesetzt wird.

Goffman benutzt die Theatermetapher, um zu zeigen, dass wir im Leben unterschiedliche Rollen übernehmen – zum Beispiel als Mutter, Ehefrau, Tochter, Angestellte, Chefin oder aber Freundin beziehungsweise Sportskameradin etc.[9] Diese Rollen füllen wir mehr oder weniger gekonnt aus, indem wir sie den Erwartungen entsprechend »in Szene setzen«, authentisch und glaubwürdig. Als Professorin handle und fühle ich zum Beispiel anders als abends im Restaurant mit meinem Mann oder Freunden. Auf dem Sportplatz wird anderes von mir erwartet als im Vorlesungssaal. Impression Management umfasst also die gesamte Überzeugungsarbeit, die wir tagtäglich leisten müssen, um als Mütter, Töchter, Gattinnen, Kolleginnen oder Chefinnen etc. ernst genommen zu werden.

Es ist nicht übertrieben, sich dies als ein »Branding« der eigenen Arbeitskraft vorzustellen: Die Mitarbeiterin versteht sich selbst als eine »Marke«, die bei anderen bestimmte Kompetenzassoziationen weckt, selbst wenn sie diese Kompetenzen noch gar nicht im Einzelfall beweisen oder anwenden konnte. Zu dem üblichen Set an Kompetenzen kommt somit eine weitere, viel grundlegendere Metakompetenz hinzu, welche die Soziologin Michaela Pfadenhauer als »Kompetenzdarstellungskompetenz«[10] bezeichnet: die Kompetenz, die eigenen Stärken glaubhaft nach außen hin zu kommunizieren und sichtbar zu machen.

Diese Darstellung ist schon allein deswegen notwendig, weil Kompetenzen – im Gegensatz zu erlernbaren Qualifikationen – nicht als Zeugnisse in den Schubladen oder in virtuellen Ordnern einer Festplatte vorzufinden sind. Ob eine Mitarbeiterin über eine bestimmte Kompetenz (wie zum Beispiel Team- und Konfliktfähigkeit, Empathie oder Überzeugungskraft) wirklich verfügt, lässt sich nicht so einfach beurteilen wie die Frage nach einem bestimmten Hochschulabschluss. Kompetenzen lassen sich nur im konkreten Handlungsvollzug beurteilen, nicht jedoch durch Zertifikate und Zeugnisse belegen.

Insofern sind Kompetenzen quasi Versprechen, ja *Potenziale*, denn sie stehen vor allem für das, was eine Person in der Zukunft möglicherweise zu leisten vermag – wenn sie die Chance dazu bekommt. Deutlich wird dieses Versprechen auf die Zukunft auch in der verbreiteten Rede von den »High Potentials«, eine Begrifflichkeit, die aus dem Investmentbanking entlehnt ist und junge ArbeitnehmerInnen bezeichnet, von denen sich das Unternehmen für die Zukunft besonders viel erwartet – ohne dafür immer empirische Grundlagen zu haben.

Wie gekonnt und strategisch geschickt eine Arbeitnehmerin sich selbst und ihre Kompetenzen darzustellen vermag, erweist sich somit als ein entscheidender Faktor für ihre Karriere, wie folgende Äußerungen beispielhaft bestätigen:

> »Ich muss Visibilität nach oben schaffen. Ohne dass ich bekannt bin, mache ich keine Karriere. Das ist heute so.« *(Richard F., 38)*

> »Je höher man kommt, umso rhetorisch begabter sind die Kollegen, Kolleginnen.« *(Max W., 42)*

Die meisten denken, gerade hier wären Frauen traditionell im Vorteil, weil sie dem Klischee nach immer schon Expertinnen darin waren, sich zu inszenieren, die Aufmerksamkeit durch ihr Äußeres auf sich und Blicke auf bestimmte Details ihrer Erscheinung zu lenken, dabei gleichzeitig andere zu verstecken. Frauen, so die alte Vorstellung, inszenieren sich unbewusst und ohne darüber nachdenken zu müssen.

Doch gerade dies ist – zumindest im Berufsleben – nicht der Fall. Frauen müssen wesentlich stärker auf eine professionell überzeugende Selbstdarstellung achten. Dabei setzen sie die ihnen zur Verfügung stehenden und vormals als weiblich geltenden Kompetenzen, sprich »Soft Skills« in deutlich gesteigertem Umfang ein, das heißt, sie verhalten sich kommunikativ, interessiert, nett und zeigen Empathie.

Diese »typisch« weiblichen Formen des Impression Managements, also etwa kommunikationsbetontes Auftreten und beziehungsbetonte Gesprächsführung, erzielen jedoch nicht, wie sich zeigte, die gewünschten Erfolge bei Personalgesprächen, Gehaltsverhandlungen oder auch Geschäftsvereinbarungen. Das Gegenteil ist der Fall: Betont »weiblich« auftretende Frauen werden anders beurteilt. Denjenigen, die verstärkt auf Soft Skills setzen, wird zwar sogenannte »Gewährleistungsarbeit«, also Konfliktlösung und eine Art emotionaler Pannenhilfe, Teamfähigkeit und Integrationskraft, zugetraut, nicht aber Führungsstärke und Macht.

Für Männer führt der Einsatz »maskuliner« Formen des Impression Managements wie lautes, führungsstarkes Auftreten, selbstbewusste Präsentation der eigenen Großartigkeit, die Tendenz, das Gespräch an sich zu reißen (abgeleitet aus den männlichen Stereotypen durchsetzungsstark, hart, marktgestählt …), nachweislich zu besseren Performance-Beurteilungen.

Manche Frauen ziehen daraus den Schluss, sie müssten ihre Performance mit »männlichen« Attributen garnieren und bewusst tough und angriffslustig auftreten. Diese Strategie ist häufig eine Sackgasse. Denn auch dann, wenn Frauen auf männlich konnotierte Formen des Impression Managements, beispielsweise lautes und energisches Sprechen, zurückgreifen, sind sie weniger erfolgreich. Der Grund: Ihr Auftreten wird dann als unsympathisch und sozial unverträglich wahrgenommen und entsprechend negativ bewertet.[11] Wie aber ist dies zu erklären? Warum werden bestimmte Verhaltensweisen bei Männern positiv, bei Frauen aber negativ bewertet?

Authentizität und Geschlecht

Performance ist eng mit dem Konzept der Authentizität verbunden. Es ist der Gesamtaspekt einer Person – inklusive Körpersprache, Auftreten, Aussehen –, der über eine erfolgreiche Performance entscheidet: Der nach außen vermittelte Eindruck muss in sich stimmig, also authentisch sein. Brüche und Zweifel werden als mangelnde Authentizität wahrgenommen.

> »Nicht der Youngster oder der Yuppie macht Karriere, sondern der Authentische. Das ›Geleckte‹ fällt dann schon irgendwann auf. Wichtig ist, dass man nicht nur blödes Zeug schwätzt, sondern Dinge offen und ehrlich sagt, also etwa, in dem Fall entscheide ich links rum und nicht rechts rum, auch wenn der Herr Soundso es sagt.« *(Judith K., 43)*

> »Ich denke, nach kurzer Zeit werden die Leute das durchblicken, wenn man sich verstellt.« *(Hannelore V., 38)*

> »Sie müssen Sie selbst bleiben. Mitarbeiter und Chefs merken unglaublich schnell, wenn Sie sich verstellen. Es will keiner mehr einen angepassten Schlipsträger, der nur sagt: ›Ja, mein Chef, mache ich‹ und so.« *(Gudrun Z., 44)*

Die Vorstellung von der Authentizität einer Person wiederum ist eng mit ihrem Geschlecht beziehungsweise einem Set klischeehafter Rollenerwartungen verknüpft. Authentisch wirkt jemand nicht zuletzt dann, wenn sein Verhalten zu den gestanzten und seit Jahrhunderten tradierten Rollenbildern und Mythen passt. Ein Mann, der sich konkurrenzbewusst und durchsetzungsstark verhält, gilt demnach als authentisch. Ebenso eine Frau, die sich aufopferungsvoll um ihr Kind kümmert. Eine toughe Frau hingegen, die ihre Ellbogen ausfährt, erweckt schnell den Eindruck, sich für die eigenen Karrierewünsche zu verbiegen, ihre »Weiblichkeit« aufzugeben und mit einiger Wahrscheinlichkeit auch noch eine lieblose Mutter zu sein – wenn sie denn Kinder hat (siehe auch Kap. 2). Sie muss den potenziellen Karrierefortschritt nicht selten mit Einbußen an Sympathie bezahlen.

Man könnte auch sagen: Karriereerfolg und Sympathie korreliert bei Männern positiv, bei Frauen jedoch negativ, das heißt: Frauen werden durchschnittlich als weniger sympathisch wahrgenommen, je höher sie auf der Karriereleiter steigen.

Dass dies freilich nichts mit dem tatsächlichen Verhalten von Frauen zu tun hat, zeigt beispielsweise die bekannte Howard-und-Heidi-Roizen-Studie.[12] Darin wurde einer Gruppe von Studierenden zweimal derselbe, äußerst imposante Lebenslauf vorgelegt. Sie sollten beurteilen, wie gerne sie für die beschriebene Person arbeiten würden, die unter anderem im Investmentbanking sehr erfolgreich war, und wie sympathisch ihnen diese Person sei. Beide Lebensläufe unterschieden sich einzig und allein durch den Vornamen der Person: einmal Howard und einmal Heidi. Fast alle Studierenden wollten unbedingt für Howard arbeiten und fanden, der Mann sei ein sympathischer, wenn auch Ehrgeiz und Leistungsbereitschaft einfordernder, authentischer Unternehmer. Ganz anders die Beurteilung von Heidi: Die Studierenden fanden sie zu ehrgeizig, nicht »weiblich« genug und waren nur selten bereit, aus eigenem Antrieb für sie zu arbeiten. Sie waren der Meinung, dass mit Heidi irgendetwas nicht stimmen müsse, und gingen davon aus, dass sie – im Gegensatz zu Howard – soziale Defizite aufweise.

Andere Studien kommen zu ähnlich ernüchternden Ergebnissen:

»Wenn Frauen nach einer Gehaltserhöhung fragen, möchte

man im Anschluss weniger gerne mit ihnen zusammenarbeiten.«[13]

»Wenn Frauen sich in Bewerbungsgesprächen selbst promoten, werden sie seltener eingestellt.«[14]

»Wenn Frauen und Männer zusammenarbeiten, werden Erfolge eher Männern zugeschrieben.«[15]

»Unabhängig von tatsächlichen Betreuungsanforderungen werden bei Frauen höhere Konflikte zwischen Arbeit und Familie wahrgenommen, dies senkt ihre Wahrscheinlichkeit, befördert zu werden.«[16]

Frauen brauchen – so viel können wir festhalten – wesentlich mehr »inszenatorische Kompetenz« als Männer. Sie müssen sich gut überlegen, *wie* sie auftreten, um einerseits souverän und andererseits als Frau authentisch zu wirken.[17]

Dies gilt in verstärktem Maße für die moderne Arbeitsform des Projekts, die charakteristisch für die Wissensökonomie ist.

Bewährungsprobe Projekt

Wie wir bereits gesehen haben, befindet sich der Alltag unserer Arbeitswelt in einem tiefgreifenden Wandel. Aus klar strukturierten Aufgabenbeschreibungen sind Zielvereinbarungen geworden, die in zeitlich befristeten Projekten erfüllt werden müssen. Dort werden spezifische Lösungen für komplexe Fragestellungen erarbeitet. Vor allem hier, im projektbezogenen Team, besteht für die Beschäftigten die Chance, sich hervorzutun, sich darzustellen und Sichtbarkeit für sich zu schaffen.

Projekte sind für die MitarbeiterInnen in gewisser Weise »Bewährungsproben«, in denen sie sich, wie Boltanski und Chiapello 2003 in *Der neue Geist des Kapitalismus*[18] schrieben, für den nächsten Karriereschritt positionieren und die Aufmerksamkeit auf sich als Leistungsträgerinnen lenken können. Diese Analyse wird auch bei meinen Befragungen bestätigt:

> »Es gibt ja immer Projekte aus der Zentrale über global galaktische Themen. Dafür muss man sich freiwillig melden. Das würde normalerweise kein Mensch machen, aber es sind Sprungbretter für Karrieren. So funktioniert das, um sichtbar zu werden.« *(Dorothee K., 37)*

Meine Studien zeigen, dass Projekte aus Sicht der Unternehmen auch als Karriereschmieden dienen. Die Projektarbeit ist oftmals ein Sammelbecken von Führungs- und Nachwuchskräften und bietet eine ideale Möglichkeit, um diejenigen MitarbeiterInnen zu rekrutieren, in die sich erwartungsgemäß zu investieren lohnt. Wer in einer Projektgruppe überzeugend performt, erzeugt für sich hohe Visibilität und wird in der Folge stärker beobachtet. Den Beteiligten ist dies durchaus bewusst, und viele nutzen deshalb in Projekten gezielt die Chance, das eigene Kompetenzprofil in den Vordergrund zu rücken.

> »Ich glaube, dass die Projektarbeit insgesamt mehr Gewicht hat, weil Visibilität da ist. Wohingegen ich bei meiner Alltagsarbeit denke: Wenn ich die tipptopp mache, dann kriegt eigentlich kein Mensch was davon mit.« *(Christine M., 53)*

Wer schon einmal in einem Projekt gearbeitet hat, der weiß aber auch: Es ergeben sich schnell und meistens schon beim ersten Meeting zum Teil paradoxe Wechselwirkungen von Konkurrenz und Zusammenarbeit. Einerseits wird nirgendwo so sehr auf Teamarbeit und Kooperationsfähigkeit Wert gelegt wie in der

Projektarbeit. Dort, wo Beschäftigte aus verschiedensten Unternehmensbereichen zusammenkommen, die ihr jeweiliges Spezialwissen, ihre unterschiedlichen Fachkulturen und persönlichen Interessen aufeinander abstimmen müssen, ist dies auch notwendig. Das kooperierende Selbst erscheint hier als Ideal des kompetenten Mitarbeiters.

Andererseits ist das Projekt *der* Ort, wo individuelle Visibilität geschaffen werden kann und muss, um die eigene Karriere voranzubringen – es geht somit auch um Konkurrenz.

Interessanterweise erleben Männer und Frauen diese Paradoxie ganz unterschiedlich: Frauen empfinden die Dissonanz zwischen dem offiziell ausgegebenen Projektziel, das nur mit Teamgeist und Integrationsfähigkeit zu erreichen ist, und der karrierestrategischen Notwendigkeit, sich innerhalb dieses Teams hervorzutun und abzusetzen, besonders stark und oft als unvereinbar mit der eigenen Persönlichkeit. Häufig lehnen sie »Konkurrenzverhalten« im Team ab und sprechen sich selbst in geringerem Maße Konkurrenzfähigkeit zu als Männer. Für die befragten Männer dagegen ist Konkurrenz auch im Team eine Selbstverständlichkeit, die nicht explizit erwähnt oder reflektiert werden muss. Für sie schließen sich Kooperation und Konkurrenz auch nicht im gleichen Maße aus wie für Frauen. »Wenn es sein muss, gehe ich den anderen auch mal scharf an«, sagen die Männer. »Das heißt aber keineswegs, dass ich nicht noch am selben Abend mit ihm ein Bier trinken und ihm die Hand reichen kann.«

Die auffällige Aversion vieler Frauen gegen Konkurrenz hat oftmals mit fehlendem Selbstbewusstsein und der Angst vor dem Scheitern zu tun. Bereits 1978 beobachteten Pauline Clance und Suzanne Imes, dass selbst viele erfolgreiche Frauen überzeugt sind, weit weniger leistungsfähig und intelligent zu sein, als andere glaubten. Sie waren sich sicher, dass ihre Leistungen überschätzt würden. Die Wissenschaftlerinnen bezeichneten dies als »Impostor Phenomenon« – die Angst, als Hochstaplerin geoutet zu werden.[19] Hierzu passen im Umkehrschluss auch die Ergebnisse einer Studie von 2015, nach der Frauen die Kompetenz anderer höher einstufen, als Männer dies tun.[20]

Gleichzeitig neigen Frauen eher als Männer dazu, die Gründe für auftretende Misserfolge bei sich selbst zu suchen. Sie geben sich schneller die Schuld, wenn ein Kooperationsziel nicht erreicht wurde, wenn die Gehaltsverhandlung scheiterte oder die eigene Performance nicht zum gewünschten Erfolg führte. Männer hingegen machen eher externe Faktoren dafür verantwortlich, wenn etwas schiefläuft, und können so erhobenen Hauptes in die nächste Bewährungsprobe starten, nach dem Motto: »Nach dem Spiel ist vor dem Spiel.«

Diese Legitimationsstrategien lassen sich ebenfalls bereits in der frühen Kindheit beobachten, wo kleine Jungen eher äußere Umstände, zum Beispiel den unfairen Schiedsrichter, für das eigene Scheitern verantwortlich machen, Mädchen hingegen sich selber, wenn sie beteuern: »Ich kann das nicht.« Im Umkehrschluss begründen Männer später die eigenen Erfolge und Aufstiege intrinsisch und setzen diese wie selbstverständlich in direkten Zusammenhang mit der eigenen Kompetenz. Frauen dagegen neigen dazu, die persönliche Leistung extrinsisch zu erklären, also mit Bezug auf andere Faktoren als das eigene Handeln. Sie sind zwar erfolgreich und zeigen bemerkenswerte Leistungen, trauen sich jedoch nicht, diesen Erfolg als Ausdruck der eigenen Stärke darzustellen. Sie bringen häufig Gründe für ihren Erfolg vor wie: »Ich hatte Glück«, »Da hat mir der Zufall geholfen« oder »Ich hatte ein starkes Team im Rücken«. Indem sie ihr Licht unter den Scheffel stellen, hoffen sie, sympathisch und sozial kompetent zu wirken.

»Frauen sind im Zweifelsfall selbstkritischer und auch eher bereit, offen zu sagen, das hab ich jetzt hier nicht ganz so klasse gemacht. Ich will es jetzt noch nicht mal Fehler nennen, aber Versäumnisse in irgendeiner Form – da sind Frauen eher bereit, sich selbst die Schuld zu geben.« *(Miriam O., 46)*

»Ich habe den Eindruck, dass Männer manchmal selbstbewusster auftreten und dass Frauen, die aufgrund ihrer Leistung eigentlich genauso selbstbewusst auftreten könnten, es oft nicht tun.« *(Maria J., 52)*

Hier schließt sich ein Teufelskreis; denn diese selbstkritische Haltung erschwert Frauen eine souveräne und authentische Performance. Verstärkt wird der Effekt durch die Tatsache, dass sich die Darstellung des Selbst, die Präsentation der eigenen Leistungsfähigkeit in der Regel nach dem Bild richtet, das die Beschäftigten tatsächlich von sich haben. Und dieses Bild unterscheidet sich bei Frauen und Männern ebenfalls. Frauen verfügen durchschnittlich über weniger Selbstachtung als Männer, neigen zu harter Selbstkritik, betreiben ein eher sympathieforderndes Impression Management und beurteilen die eigene Performance im Zweifel negativ.

Darstellung der eigenen Ambition

Das Vertrauen, das Frauen in sich selbst *nicht* haben, können sie in anderen nicht erwecken. Neben weiteren Faktoren liegt darin ein Hauptgrund, warum die Karrierewege von Frauen und Männern nach Verlassen der Bildungsinstitutionen so stark voneinander abweichen. Bis zum Schul- oder Studienabschluss liegen Frauen und Männer im Notendurchschnitt gleichauf, die Frauen sind sogar leicht im Vorteil. Sobald beide Gruppen jedoch den geschützten Raum der Universitäten und Schulen verlassen, klafft die Schere des Erfolgs auseinander, und der Verlauf der durchschnittlichen männlichen Karriere geht deutlich steiler und schneller nach oben. Denn im Unternehmenskontext wissen Männer sich selbst oft überzeugender darzustellen und Vertrauen in ihre Fähigkeiten zu erwecken – obwohl ihre Leistungen nicht besser sind.

Dies mag beklagenswert sein. Sollte Leistung nicht mehr zählen als der schöne Schein? Muss ehrliche Arbeit nicht mit Anerkennung und Aufstieg belohnt werden? Solche und ähnliche Fragen stellen Frauen mir oft. Was sie dabei verkennen: Um die nächste Karrierestufe zu erreichen, gilt grundsätzlich, dass Leitungspositionen weniger angeboten als nachgefragt werden. Die Anzahl an Positionen mit Führungsverantwortung ist begrenzt, und in der Regel herrscht kein Mangel an ambitionierten Kollegen, die ebenfalls genau diesen Job wollen. Mit anderen Worten: Es herrscht Konkurrenz. Deshalb ist es notwendig, immer wieder nach oben zu kommunizieren: »Ich will das, ich kann das, ich bin bereit.« Fleiß und die Bereitschaft, die Anweisung von Vorgesetzten möglichst gewissenhaft umzusetzen, reicht als Motor einer Karriere schon lange nicht mehr aus. Ohne die bewusste Arbeit an und mit der eigenen Visibilität – insbesondere wenn es um *im*materielle Arbeit geht – ist ein Aufstieg unwahrscheinlich. Im Gegenteil: Solange eine Mitarbeiterin ihre Sache gut macht, fleißig ist und die geforderten Ergebnisse zuverlässig erzielt, gibt es für niemanden einen Grund, an der gegebenen Situation etwas zu ändern. Wieso eine gute Mitarbeiterin befördern, die sich weder beklagt noch andere Aufgaben zu suchen scheint?

In diesem Sinne wirkt Fleiß allein oftmals hierarchieaffirmativ, das heißt als indirekte Bestärkung der bestehenden Machtverhältnisse. Je effizienter und fleißiger eine Mitarbeiterin arbeitet, je gewissenhafter sie ihre Aufgabe wahrnimmt, desto schwieriger wird es, sie durch eine ebenbürtige Person zu ersetzen. Der Vorgesetzte hat also gerade kein Interesse daran, diese Angestellte zu verlieren. Dann ist es zwar möglich, dass er sie, je nach eigenem Aufstieg, mitzieht, doch ihre Weiterentwicklung bleibt abhängig von dem Verlauf seiner Karriere.

Sicherlich ist es wenig hilfreich, das eigene Streben nach höheren und komplexeren Aufgaben bei jeder Gelegenheit offensiv zu präsentieren. Auf brachiale Weise lassen sich selten Distinktionsgewinne erzielen.

> »Es ist sehr stark eine rhetorische Frage. Man kann Ellbogen ausfahren, auf eine ganz geschickte rhetorische Art und Weise. Man kann es aber auch durch Schreien machen. Da ist die rhetorisch geschickte Variante die bessere.« *(Jutta H., 48)*

Die Bereitschaft zum Aufstieg sollte nicht auf Kosten von Gelassenheit, Geduld und Achtsamkeit für passende Gelegenheiten gehen.

Double Bind

Egal, ob und auf welche Weise sie versuchen, Sichtbarkeit für sich herzustellen, Frauen geraten beim Bemühen, sich zu profilieren, unweigerlich in ein Dilemma.

Die meisten Frauen entscheiden sich zwischen zwei Strategien, um ihre Kompetenzen in den Vordergrund zu rücken:

Entweder sie verhalten sich, den weiblichen Rollenbildern entsprechend, eher zurückhaltend, harmonisierend und leisten sogenannte Gewährleistungsarbeit, das heißt, sie vermitteln bei Konflikten im Büro, stellen eher die Ansprüche von anderen als die eigenen in den Vordergrund und sorgen auf diese Weise für einen reibungslosen Ablauf der allgemeinen Prozesse im Arbeitsalltag. Diese Leistung kommt also eher der Allgemeinheit ihrer Kollegen zugute.

Oder: Sie treten dezidiert in Konkurrenz zu ihren männlichen Kollegen, nutzen die bestehenden Hierarchien, bevorzugen einen eher autoritären Führungsstil, setzen ihre Interessen mehr oder weniger rücksichtslos durch und performen ostentativ die eigene Leistung.

Im ersten Fall haben sie regelmäßig das Nachsehen, denn dann werden sie zwar allgemein von der Projektgruppe geschätzt und als *teamplayer* wahrgenommen, müssen dafür jedoch Abstriche hinsichtlich der eigenen, karriererelevanten Visibilität hinnehmen. Führungskompetenz und Machtwille wird ihnen abgesprochen, Gewährleistungsarbeit zugewiesen. Sie verpassen damit nicht nur die Gelegenheit, Entscheidungsträger auf sich aufmerksam zu machen, sondern werden, indem sie der Verhaltensform »typisch weiblich« entsprechen, auch als implizit weniger »machtkompetent« wahrgenommen und damit als ungeeignet für die nächste Karrierestufe. Das Kompetenzmerkmal »kommunikativ« und »teamfähig« fällt nun negativ auf sie zurück – nicht weil es per se unerwünscht wäre, sondern weil es bei Frauen (und nur bei Frauen!) mit mangelnder »Führungskompetenz« assoziiert wird.

Im zweiten Fall ist es ähnlich schwierig, denn sichtbares Konkurrieren – beispielsweise das klassische »Ellbogenausfahren« – scheint ein Verhalten zu sein, mit dem sich nur Männer schmücken können, ohne gleichzeitig Einbußen an Sympathie befürchten zu müssen. Eine Frau, die Ellbogen einsetzt, eine ausladende Körpersprache hat und dominant auftritt, gilt schnell als Frau, der es an

»Weiblichkeit« fehlt. Eine laute Stimme, herrische Anweisungen oder ein raumgreifender Habitus werden als unpassende »männliche« Attribute ausgelegt, die »Weiblichkeit« deformieren.

Diese Double-Bind-Situation lässt sich an der Berichterstattung über Angela Merkel sehr gut studieren: In den ersten Jahren ihrer Kanzlerschaft wurde sie gerne als »Machtpolitikerin« tituliert, hin und wieder mit dem Zusatz »kalt« oder sogar »eiskalt«. Oft war damit nichts anderes gemeint als: eine besonders »männliche« oder »unweibliche« Frau. Spricht sie jedoch, wie kürzlich in der Flüchtlingskrise geschehen, ein einziges Mal von ihrem »Herzen«, so wird sie umgehend als naive, entscheidungsunfähige »Kanzlerin der Herzen« verunglimpft – was in dem Fall nichts anderes heißen soll als: eine Frau, die sich zu sehr von ihrer »Weiblichkeit« leiten lässt.

Viele karrierebewusste Frauen, die weder das männliche »Imponiergehabe« mitmachen, noch *everybody's darling* sein möchten, äußern mir gegenüber die Ansicht, es bestehe immerhin noch die Möglichkeit, sich zum Beispiel nach der Beendigung eines Projekts im persönlichen Feedbackgespräch mit dem Vorgesetzten zu profilieren. Sie wollen auf die eigenen erbrachten Leistungen verweisen und sich auf diesem Weg als Leistungsträgerinnen sichtbar machen. Im konkreten Gespräch – der »Performance Review« – stellt sich diese Art des Kompetenznachweises jedoch erheblich schwieriger dar, als es zunächst erscheint.

Die Zuschreibung von Führungsstärke, Durchsetzungskraft oder Motivationsfähigkeit hängt zum einem stark von subjektiven Eindrücken ab, zum anderen lassen sich diese Kompetenzen, wie wir gesehen haben, kaum belegen beziehungsweise quantifizieren. Der Erfolg eines Projekts stellt sich nachträglich fast immer als Kooperationserfolg dar, der sich kaum auf die intellektuellen, konzeptionellen und kreativen Leistungen einzelner MitarbeiterInnen oder ihre teamintegrierenden Kompetenzen zurückführen lässt. Berichte über die eigene Performance, soweit sie auf Selbstaussagen und Beteuerungen beruhen, klingen leicht wie nachträgliche Rechtfertigungen oder Schuldzuweisungen. Im besten Fall können dokumentierte Fakten wie E-Mail-Verkehr oder Gesprächsnotizen vorgezeigt werden, aber auch diese verfehlen in der nachträglichen Darstellung vielfach ihre Wirkung. Die Mannschaft ist der Star, so lautet nicht nur im Fußball die politisch korrekte Maxime. Was hinter den Kulissen, sozusagen in der Kabine, geschieht, wer tatsächlich die Kastanien aus dem Feuer holt und wer einfach nur abstaubt, darüber wird nicht gesprochen.

Dennoch wählen viele Frauen den Weg des Personalgesprächs oder der nachträglichen Projektbesprechung. Sie erhoffen sich dadurch – irrtümlicherweise, wie meine Studien zeigen – eine objektive, eben nicht geschlechtsbezogene Bewertung.

Es führt kein Weg daran vorbei: Auch beim Personal- oder Feedbackgespräch geht es, wie in jedem Gespräch mit einem Vorgesetzten, um die richtige Performance.

In einer entgrenzten Arbeitswelt ist souveräne Performance überall und permanent gefragt. Potenziell eignet sich jeder Ort, um sich als Mitarbeiterin sichtbar zu machen und Impression Management zu betreiben. So kann beispielsweise die berüchtigte »Elevator Speech«, also das informelle kurze Zusammentreffen mit dem Vorgesetzten und ein sich daraus ergebender kurzer Wortwechsel, unter Umständen wichtiger sein als die über Monate erbrachte Arbeitsleistung. Fünf Minuten »Pitch« können den Eindruck eines Vorgesetzten von seiner Mitarbeiterin nachhaltiger prägen als die Ausarbeitung eines hoch komplizierten Vertragswerks, das dem Vorgesetzten vielleicht gar nicht in Zusammenhang mit der entsprechenden Person in Erinnerung bleibt. Wichtig für Frauen ist dabei stets das Wissen um den oben geschilderten Double Bind: Sowohl ein zu schüchternes als auch ein zu forsches Auftreten sind kontraproduktiv.

Solange die Leitungsebenen in den Unternehmen mehrheitlich männlich besetzt bleiben, existiert für Frauen oft noch ein weiteres Problem: In informellen Gesprächssituationen können sie nicht wie die Männer auf einer unproblematischen, jovialen Ebene miteinander in Beziehung treten. Die Frage nach den Fußballergebnissen des letzten Spieltags wird Frauen kaum als authentisches Interesse abgenommen, und kumpelhafte Stammtischkommentare wirken eher gekünstelt.

Um ihre Vorgesetzten von den eigenen Kompetenzen zu überzeugen, wählen Frauen vorzugsweise einen anderen Weg: Sie suchen möglichst oft den rein arbeitsbezogenen, offiziellen Kontakt zu ihren Vorgesetzten, manchmal mehrmals am Tag. Sie schreiben häufiger E-Mails, fragen bei Aufgaben häufiger nach und betreten häufiger das Büro ihres Chefs. Dies kann jedoch bewirken, dass sie gerade nicht als kompetent, sondern im Gegenteil als unselbstständig oder in letzter Konsequenz als inkompetent wahrgenommen werden. Männer hingegen fragen nur alle paar Tage bei ihren Vorgesetzten nach. Verstanden hat dies folgende Führungskraft:

> »Gegenüber meinem Chef versuche ich es so: Ich komme nur zu ihm, wenn ich irgendwelche Probleme zu lösen habe, die ich nicht selber lösen kann. Aber das ist äußerst selten. Meistens berichte ich nicht von Problemen, die ich jetzt noch vor mir habe, sondern von gelösten Problemen, die es ihm ermöglichen, bei seinen Chefs zu glänzen. Der Chef will eigentlich nur hören: Das ist erledigt, und da bin ich dran. Und ich versuche dann einfach, die positiven Sachen rauszuputzen.« *(Sinje F., 35)*

Die Herausforderung bewältigen

Für Frauen ist es eine besondere Herausforderung, die richtige Balance zwischen authentischer Performance und strategischem Impression Management zu finden. Dennoch beziehungsweise gerade deshalb sollten Frauen sich nicht von vermeintlich geschlechtstypischem Verhalten (ab)lenken lassen, sondern auf *Individualität* setzen. Es geht weder darum, bei jeder Sitzung »männlich« auf den Tisch zu hauen und den Kollegen das Wort abzuschneiden, noch darum, plötzlich auf den Hosenanzug zu verzichten. Vielmehr sollten sie sich auf ihre persönlichen Stärken konzentrieren, diese als (Markt-)*Wert* erkennen und situations- und passgerecht in Szene setzen. Auf diese Weise bleiben sie authentisch und können selbstsicher und überzeugend agieren. Eine gewisse Gelassenheit und Humor helfen dabei. Auch sind eine hohe Achtsamkeit und psychologisches Gespür für die Spezifik der jeweiligen Situation und die involvierten Personen gefordert. Eigenschaften also, die für die Wissensarbeit insgesamt von hohem Stellenwert sind.

»Weibliche« oder »männliche« Performance – diese Fragestellung gehört im Prinzip der Vergangenheit an. Frauen sollten sich nicht durch derartig klischeehafte Verhaltensrepertoires verunsichern lassen, denn sie haben für die Arbeit der Zukunft keine Gültigkeit mehr. In der »neuen« Arbeitswelt sind individuelle Kompetenzen und Fähigkeiten gefordert. Es kommt darauf an, authentisch und gekonnt die eigenen Stärken zu performen, das heißt letztlich, sich selbstbewusst zu positionieren.

Eine Vision zu entwickeln, Eigeninitiative zu ergreifen, Neues nicht als Bedrohung, sondern als Chance zu sehen und je nach Anlass unterschiedliche Personen mit spezifischem Wissen und Einfluss einzubeziehen; das alles kennzeichnet eine Arbeitsauffassung, die weder an »weibliche« noch an »männliche« Eigenschaften geknüpft ist, sondern zur Sinnhaftigkeit der eigenen Arbeit und zur Zufriedenheit aufseiten des Unternehmens beiträgt.

Kapitel 4

Netzwerken!

Im Jahr 1984 traf sich eine Gruppe äußerst erfolgreicher Männer in Südtirol. Die Männer kannten einander dem Namen nach, manche waren befreundet, andere siezten sich noch. Sie stiegen aus ihren Limousinen, begrüßten den erfahrenen Bergsteiger, der ihre Tour leiten sollte, und ließen sich von Meran ins Schnalstal an den Ötztaler Alpen führen. Von dort fuhren sie mit der Seilbahn ein Stück hinauf und seilten sich an. Ihre dunklen Anzüge hatten sie zu Hause gelassen; sie waren auf eine drastische Reduktion ihres gewohnten Komforts eingestellt; ein paar Tage lang sollten sie für die Außenwelt, ihre Assistentinnen, Angestellten, Vorstandskollegen und Familien, praktisch unerreichbar sein.

Die Herren hatten einen anspruchsvollen Weg vor sich, ihr Ziel lag 3500 Meter über dem Meeresspiegel und war von Eis überzogen, aber an Ehrgeiz mangelte es ihnen nicht. Zum ersten Mal seit langer Zeit blickten sie nicht auf eine Belegschaft in fünf- oder sechsstelliger Größenordnung herab, sondern zu einem Gipfel hinauf. Zunächst bestiegen sie die Fineilspitze im Schnalskamm, dann ging es – mit Blick zurück auf die gesamte Menschheitsgeschichte, in der sich schon immer der Stärkere durchgesetzt hat – an der Fundstelle des Ötzi vorbei hinauf zur Hütte auf dem österreichischen Berg Similaun, von dem die Gruppe später ihren Namen erhalten sollte: die Similauner.

Die Gipfelstürmer wurden durch Herbert Henzler, den damaligen Europachef von McKinsey, zusammengebracht und treffen sich, so heißt es, in regelmäßigen Abständen noch immer, meistens im Spätsommer, um weitere Gipfel zu erklimmen, auch wenn die Berge, so hört man, inzwischen etwas weniger anspruchsvoll sind. Zu den Mitstreitern zählten Vorstandsvorsitzende und Vorstände von Lufthansa, Linde, Allianz, Deutsche Bank, Deutsche Post, Henkel, Gerling, Burda, Adidas, Siemens, Telekom, BASF und Daimler. Geführt wurden sie von einem erfahrenen Bergsteiger, dem sich die Konzernlenker bedingungslos unterordneten – Reinhold Messner. Bei seinen Abenteuergeschichten vom Everest, Nanga-Parbat oder Annapurna verwandelten sich die Topmanager, dem McKinsey-Chef zufolge, wieder in wissbegierige Jungs, die gebannt zuhörten. Den Abschluss der ersten Tour begingen sie im Rittersaal von Messners Burg, wo an der Decke eine alte lateinische Inschrift zu lesen war: »Die sich zum Sieg bestimmen, werden siegen!« – ein Satz, der das Selbstverständnis der Beteiligten treffend zum Ausdruck bringt.[1]

Es dauerte nicht lange, bis die jährlichen »Gipfeltreffen« eine Aura des Legendären umgab. Bald meldeten sich mehr Bewerber, als Plätze verfügbar waren – denn maximal fünfzehn sollten es sein, und neue Mitstreiter wurden nur mit dem einstimmigen Votum der anderen aufgenommen. Die elitäre Gruppe konnte es sich später sogar leisten, dem amtierenden deutschen Bundeskanzler Schröder, der per Hubschrauber für ein Gipfelfoto einfliegen wollte, eine freundliche, aber bestimmte Absage zu erteilen.

Reinhold Messner zufolge sind die Similauner lediglich eine »Gruppe von Menschen, denen es guttut zu marschieren«.[2] Herbert Henzler behauptet sogar, es gehe in erster Linie um die Demut gebietende Erfahrung, dass selbst die Vorstandschefs im Angesicht der Natur nur »kleine Wichtel«[3] seien.

Doch diese bescheidenen Charakterisierungen greifen zu kurz.

Die Similauner waren kein Verein, kein Klub, keine Mannschaft und auch kein Bund von alten Freunden oder Kameraden, sondern in erster Linie ein sehr erfolgreiches Netzwerk.

Netzwerke sind in der heutigen Arbeitswelt von hoher Relevanz und spielen eine zentrale Rolle in der persönlichen Berufsentwicklung. Netzwerke filtern Informationen und Ressourcen; sie regulieren den Zugang zu Stellen, vermitteln Mentoren und Förderer. Netzwerke beschleunigen Karrieren oder lassen sie stagnieren. Gleichzeitig steigern sie die Reputation und den persönlichen Einfluss ihrer Mitglieder. Wie wir gesehen haben, genügen Qualifikation, Leistung und Durchhaltevermögen allein schon lange nicht mehr für den beruflichen Erfolg – um aus der Masse der Beschäftigten herauszutreten, ist die Nutzung von Netzwerken unerlässlich. Dies bestätigen auch die GesprächspartnerInnen in meinen diversen Studien zu Karrierestrategien:

> »Mein Nachteil war: Als ich Klinken putzen gegangen bin, kannte mich keiner – und dann auch noch als Frau in der Technik.« *(Christine M., 53)*

> »Durch Netzwerke hast du plötzlich jemanden kennengelernt, und der ruft dich an und sagt: ›Mensch, ich habe einen tollen Job für dich, willst du den nicht?‹« *(Tanja Z., 33)*

> »Dass die ehemalige Personalleiterin, die als Direktorin jetzt wieder meine Chefin ist, mir diese Möglichkeit gegeben hat, das war unglaublich.« *(Dorothee G., 33)*

Netzwerke dienen keineswegs nur zur Kontaktpflege, zum Austausch oder zur gemeinsamen Freizeitgestaltung – im Gegenteil. Immer wieder zeigt sich, dass Personalentscheidungen in erheblichem Umfang auf persönliche Beziehungen zurückgehen beziehungsweise aus Netzwerkempfehlungen und -kontakten resultieren.[4] Insbesondere gute Beziehungen nach oben stellen sich im Verlauf eines beruflichen Lebens als unerlässlich dar. Sie öffnen nicht nur Türen, sondern bieten auch Rückhalt in schwierigen Zeiten.

Um im Bild zu bleiben: Heutzutage ist eine Karrierestrategie ohne Netzwerke wie ein Aufstieg an der Steilwand ohne Seil – der Absturz ist jederzeit möglich. Netzwerke können buchstäblich das *Netz* sein, das einen Beschäftigten unterstützt, in Krisen auffängt und gegebenenfalls Alternativen bereithält. Tiemo Kracht, Chefpersonalberater bei Kienbaum, sagt es deutlich: »Frauen unterliegen der irrigen Annahme, dass Leistung, Präsenz, Qualität und Fleiß sich durchsetzen und dass sie automatisch den nächsten Schritt machen, wenn sie sich nur anstrengen. Man braucht aber bei all dem Mentoren und Fürsprecher, tragfähige Netzwerke und auch externe Anerkennung. Wenn Frauen es mit ihrer Etablierung auf den Führungsebenen ernst meinen, sollten sie sich auch untereinander fördern.«[5]

Ranghohe Führungskräfte in den oberen Gehaltsklassen berichten einmütig, dass sie besonders von Netzwerken profitierten. Und auch die wenigen Frauen, die es bis an die Spitze geschafft haben, betonen die zentrale Bedeutung von Netzwerken für ihren beruflichen Werdegang.[6]

Netzwerke und Networking

Wo heute der Begriff »Netzwerke« fällt, denken viele an soziale Netzwerke – Plattformen wie Facebook, Twitter, Skype, Whatsapp, durch welche die Kommunikation vermeintlich so einfach geworden ist. Jeder scheint in diesen Netzwerken auf Augenhöhe zu kommunizieren, formale Hierarchien spielen auf den ersten Blick keine Rolle. Soziale Netzwerke versprechen weltumspannende Kontakte über nationale, sprachliche, soziale Grenzen hinweg – durch einen Mausklick, eine Freundschaftsanfrage oder ein Posting. Sie gleichen einem engmaschigen Netz, in welchem jeder beliebige Knotenpunkt über andere Verbindungsknoten zu erreichen ist. Gerade Frauen, so ließe sich folgern, die oft über gute kommunikative Fähigkeiten verfügen, sollten sich besonders gut und erfolgreich in sozialen Netzwerken bewegen und von ihnen profitieren können.

Es ist jedoch wichtig, die Begriffe »Netzwerk« und »Networking« zu unterscheiden, die im allgemeinen Sprachgebrauch oft synonym verwendet werden, allerdings keineswegs dasselbe ausdrücken. »Networking« ist eine Form der Beziehungspflege. Auf Weihnachtsfeiern, Geburtstagen und Jubiläumsfesten lernen sich die KollegInnen untereinander kennen und tauschen berufliche und private Informationen aus. »Networking« verfolgt das Ziel, Kontakte aus persönlichem oder beruflichem Interesse zu knüpfen und zu pflegen.

»Netzwerke« hingegen sind karriereorientierte Zusammenschlüsse innerhalb eines Unternehmens oder über Unternehmensgrenzen hinweg. Sie können formellen oder informellen Charakter besitzen.

Formelle Netzwerke haben häufig eine Satzung, ein Leitbild, einen Vorstand, eine Adresse und vor allem ein klar definiertes Ziel. In der Regel ist der Zugang zu formalen Netzwerken nicht beschränkt. An den Universitäten gibt es beispielsweise das sogenannte Alumni-Netzwerk, also das Netzwerk der Ehemaligen, die – mehr oder weniger erfolgreich – nun den Nachwuchs bei der Praktikums- und Stellensuche unterstützen können.

Formellen Netzwerken wie den Alumnis stehen die informellen, exklusiven Netzwerke gegenüber, die oft weit wichtiger für die Karriere sind. Zu ihnen zählen auch die Similauner.

Vertrauen und Kontrolle

Die Aufnahmebedingungen und Fördermechanismen *in*formeller Netzwerke sind meist intransparent und exklusiv, der Zugang ist beschränkt. Zumeist spielt die soziale Herkunft eine Rolle. Mitglieder exklusiver informeller Netzwerke wie die Similauner entstammen beispielsweise oft dem Bürger- und Großbürgertum, aus dessen Kreisen sich in der Regel auch die Angehörigen deutscher Führungsetagen rekrutieren.[7] Thomas Sattelberger, ehemaliger Personalvorstand der Deutschen Telekom, spricht es offen aus: »Natürlich gibt es die Netzwerke der Mächtigen in der Wirtschaft. Genauso wie in Politik, Sport oder Medien. Dort gelten eigene Regeln und Normen, viele davon sind unausgesprochen. Das ist keine mystische Überhöhung, sondern soziale Realität.«[8]

Auf welche Art und Weise das Netzwerk der Similauner wirksam war, wer wem welche Vorteile verschaffte, ob es nur um freigeistigen Austausch und Freundschaft ging oder ob hier vor allem der Unternehmensberater von McKinsey einen großen Image-Coup und Auftragspool für die eigene Firma gelandet hat, das lässt sich ohne Insiderkenntnisse nicht sagen.

Klar ist aus soziologischer Perspektive jedoch: Die Similauner sind ein sehr exklusives informelles Netzwerk. Die Similauner haben keine Adresse, kein Klingelschild, keine offizielle Telefonnummer. Sie verfügen über keine Satzung, und niemand bekleidet offiziell den Vorsitz oder das Amt des Schatzmeisters. Sie treffen sich jedes Jahr an verschiedenen Orten, die manchmal mehrere tausend Kilometer auseinanderliegen. Wo sich die Treffpunkte befinden, das wissen nur die Eingeweihten. Informalität, Exklusivität und Vertrauen gehen hier Hand in Hand.

Die Similauner können damit auch als ein Paradebeispiel für den Typus des »Old Boys Network« gelten. Der Ausdruck bezeichnet informelle Netzwerke in Wirtschaftsunternehmen, die aus mächtigen Männern bestehen, welche häufig auf eine gemeinsame Vergangenheit in Eliteschulen, Burschenschaften, beim Militär oder Sport zurückblicken. In den Old-Boys-Netzwerken herrscht zumeist ein strenger männlicher Stallgeruch. Intransparenz ist für diese Form des Netzwerks ein strukturbildendes Merkmal. Entscheidungen, die in informellen Netzwerken getroffen werden, sind nicht selten das Resultat gegenseitiger persönlicher Abhängigkeit. Mächtige Netzwerke können mitunter in ihren Absichten sogar den übergreifenden Zielen des Unternehmens widersprechen. Der Einsatz von manipulierter Software bei Volkswagen beispielsweise war für bestimmte Beschäftigte des Konzerns sicherlich von Vorteil; dem gesamten Konzern bringt das Verhalten dieser Gruppe jedoch langfristig gigantische Nachteile.

Der Vorteil von informellen Netzwerken für die Mitglieder liegt auf der Hand: »Vernetzung« steigert Effektivität und Effizienz im Hinblick auf die Versorgung mit Informationen[9] – wer dazugehört, weiß automatisch mehr: Wo wird wann welcher Posten frei? Wer ist wem etwas schuldig? Welche Abteilung steht unter Druck? Welcher Manager gilt auf Vorstandsebene als zukünftiger Star? Diese Informationen lassen sich gegebenenfalls in die eigene Karrierestrategie einbauen.

Wichtiger noch als der Zugang zu Informationen sind die persönlichen Bindungen an einflussreiche Akteure und Entscheider und das Image des Netzwerkes als Referenz. Informelle Netzwerke sind quasi-geschlossene Gesellschaften und erinnern in ihrer inneren Funktionsweise nicht zufällig an Organisationen wie die Mafia: Natürlich geht es in ihnen nicht um kriminelle Machenschaften, doch das Prinzip ihres Zusammenhalts basiert ebenfalls auf gegenseitiger Kontrolle und Abhängigkeit – um Risiken auszuschließen, werden neue Mitglieder vorzugsweise nach dem Prinzip der Selbstähnlichkeit ausgewählt, das heißt häufig, nach ähnlichem sozialem Hintergrund sowie ähnlichen Denk- und Verhaltensweisen, was auch als Homosozialität bezeichnet wird. Eine besonders homogene Gruppe, so der Gedanke, ist auch besonders stabil und gut kontrollierbar; je ähnlicher sich die Mitglieder sind, desto geringer ist die Gefahr von Überraschungen, Illoyalität oder Indiskretion.

Das gilt auch für die Similauner. Zwar hat sich die Gruppe Freundschaft auf die Fahnen geschrieben, doch das verbindende Element ist nicht in erster Linie persönliche Sympathie, sondern Statusgleichheit und gemeinsamer Habitus: Wer kein Großunternehmen leitet oder geleitet hat, der kann auch nicht dazugehören. Wer die Stilfragen, Sitten und Benimmregeln nicht wie selbstverständlich beherrscht, der bleibt draußen. Egal, wie sympathisch er den anderen wäre, ein Kellner[10] wird es nicht in ihre Reihen schaffen.

Zur Gleichheit kommt Loyalität: Als einer der Mitstreiter der Similauner, Klaus Zumwinkel, wegen Steuerhinterziehung in Millionenhöhe zu einer Bewährungsstrafe verurteilt wurde, dachten die Similauner – nach Aussage des McKinsey-Chefs – »keine Nanosekunde«[11] lang darüber nach, ihn auszuschließen. Natürlich gehörte er weiterhin dazu.

Die unbedingte Solidarität stellt einen weiteren Vorteil des informellen Netzwerks dar: Nicht nur die Leistung, auch die Person des Mitglieds wird, vor allem nach außen hin, anerkannt, wertgeschätzt und geschützt. Das Motto lautet: Der ist einer von uns, auf den lassen wir nichts kommen. Zudem können sich die Mitglieder auf absolute Vertraulichkeit verlassen. Alles, was jemand innerhalb der Gruppe preisgibt, dringt nicht nach außen, sondern wird von den Mitgliedern als netzwerkinterne Information geschützt. Was zunächst nach Wahrung des Anstands klingt – es dringt nichts nach draußen, was nicht nach draußen gehört –, erhöht aus der Perspektive des Netzwerks die Exklusivität und damit den Wert der darin gehandelten Informationen. Vertrauliche Nachrichten erhalten durch dieses Etikett hohe machtpolitische Relevanz – egal, ob es um die präferierte Zigarrenmarke eines Vorstands oder um die Schließung eines Standorts mit Tausenden MitarbeiterInnen geht.

Gleichwohl ist die verbindende Kraft von gemeinsamen, im Falle der Similauner auch körperlich extremen Erfahrungen, die das Vertrauen und die Verbindlichkeit untereinander stärken, kaum zu überschätzen. Sie schaffen eine persönliche Bindung, die später auf der rein beruflichen Ebene fortwirkt. In Fragen wie: »Welches Unternehmen ist der beste Retailing-Partner?« oder »Welche Beratungsfirma hilft uns am ehesten bei der Diversifizierung?« spielen Erinnerungen an die gemeinsame Zeit in der Berghütte hinein. Es sind Erinnerungen an Schweiß, Ängste, körperliche Überwindung, Erleichterung, Euphorie und einen atemberaubend schönen Blick auf die schneebedeckten Gipfel. Es stehen also Sachfragen neben emotionalen Tatsachen – es lässt sich leicht ausrechnen, was im Zweifel den Ausschlag gibt.

Doch nicht nur im elitären Netzwerk der Similauner spielen geteilte persönliche Erlebnisse eine Rolle. Viele Manager und Unternehmer, die einem informellen Netzwerk angehören, sind durch Erfahrungen beim (Mannschafts-)Sport oder bei der Bundeswehr geprägt. Dort glauben sie, Disziplin, Teamgeist, Gemeinschaft und sogar Führungsstärke gelernt zu haben. In Sachen Zusammenhalt und Vernetzung, so die Logik, haben sie deshalb einen klaren Vorteil gegenüber Frauen, denen diese – vermeintlich wichtigen – Erfahrungen fehlen.[12]

Vereine oder Klubs, die ausschließlich Männer aufnehmen, kommen uns heute antiquiert vor und muten fast so nostalgisch an wie die Inschriften über alten Schuleingängen: »Eingang für Jungen« und »Eingang für Mädchen«. Dennoch lässt sich heute mitnichten von einer bunten Geschlechtermischung in den mächtigen Netzwerken der Wirtschaft sprechen.

Die Zusammensetzung dieser Netzwerke ist ähnlich wie die der Chefetagen männerdominiert. Dabei ist es gar nicht nötig, Frauen explizit auszuschließen – die starren hierarchischen Strukturen, der Habitus und die traditionellen geschlechtlichen Rollenerwartungen erledigen dies von selbst. Ob die Similauner bei ihrer ersten Gipfelbesteigung auch das nahe am Similaun gelegene Dorf Unser Frau durchquerten, ist nicht bekannt – der eigentümliche Name der kleinen Ortschaft dürfte aber noch das »Weiblichste« an der gesamten Unternehmung gewesen sein.

Differenztabu

Zu der Frage, warum unter den Similaunern keine Frau zu finden sei, antwortete Herbert Henzler: »Es hat sich noch keine Frau aufgedrängt.«[13] Möglicherweise bedauerten die Topmanager auf der Berghütte tatsächlich, dass unter ihnen keine Topmanage*rin* anwesend war. Klar ist: Allein das Gruppensetting machte es einer Frau nahezu unmöglich, bei den Similaunern Mitglied zu werden, selbst wenn dafür alle formalen und persönlichen Voraussetzungen gestimmt hätten. Denn die Similauner schlossen Frauen nicht deshalb aus, weil sie sich gegen Frauen verschworen hatten, sondern aufgrund des sogenannten Differenztabus. In der hermetischen Welt der »brüderlichen« Erfahrungen, eingespielten Verhaltensweisen und unausgesprochenen Regeln gelten Frauen als »Fremde« und – stören.

Reinhold Messner drückt dies ungleich pragmatischer aus:

> »In der Berghütte stinkt's, das Klo ist am Gang, und es gibt einen Waschraum für alle. Und wenn es ein Lager mit acht Betten gibt, dann schlafen wir zu acht in dem Lager, und am nächsten Tag erzählt man sich, wer geschnarcht hat und wer gefurzt.«[14]

Wer sich vergegenwärtigt, wie sich eine Frau unter diesen Umständen allein mit Männern in einer Berghütte fühlen mag, der wird eine Ahnung davon bekommen, wieso eine weibliche Spitzenkraft, die als einzige Frau ins Topmanagement berufen wird, nach ein paar Jahren genug hat und wieder aussteigt. Ihre männlichen Kollegen, die vielfach aus informellen Netzwerken rekrutiert wurden, haben einen »Heimvorteil« und nutzen diesen ungeniert. Selbst wenn Frauen der Zugang zu karriererelevanten Netzwerken gelingt, verharren sie an der Peripherie, bleiben machtlos, gehören nicht zum *inner circle*. Das machen die Erfahrungen der von mir befragten Managerinnen deutlich:

> »Ich bin hier immer das fremde Element qua Geschlecht, das kann ich nicht ändern.« *(Maria J., 52)*

> »Als Frau ist es extrem schwer, in die Männernetzwerke reinzukommen. Diese informellen Karrieretreiber sind wie ›geschlossene Gesellschaften‹, mit eigenen Regeln.« *(Christine M., 53)*

Um Frauen von den informellen Netzwerken der »Old Boys« fernzuhalten, ist der Aufwand einer Gipfelbesteigung meist gar nicht nötig. Es genügt schon, die Treffen konsequent in die Abendstunden zu legen, zu einer Zeit also, die – zumindest für Frauen mit familiären oder anderweitigen sozialen Verpflichtungen – oft schwer freizuschaufeln ist. Eine solch verdeckte Form des Ausschlusses wird auch als »interner Ausschluss« bezeichnet. Dieser erlaubt es, die politische Korrektheit nach außen hin zu wahren. Ungewollte, weibliche Mitglieder werden formal nicht aufgrund ihres Geschlechts ausgeschlossen, was offiziell inzwischen verpönt ist, sondern durch »interne« Mechanismen des Zusammenschlusses. Ähnlich ist es mit der Wahl der Freizeitbeschäftigung: Wer einen traditionell männlichen Sport wie Bergsteigen, Fußball oder auch Golf als gemeinsame Aktivität vorschlägt, kann sicher sein, dass Frauen ihr mit großer Wahrscheinlichkeit fernbleiben.

Wir sehen: Bereits der Zugang zu karriererelevanten Netzwerken ist für Frauen weitaus schwieriger als für Männer. In einer hermetischen Welt des »brüderlichen« Zusammenhalts mit eingespielten Verhaltensweisen und unausgesprochenen Codes gelten sie als »Fremde«:

> »Da geht es schon um das Auftreten. Der passt mehr rein und der passt weniger rein. So kann es durchaus zum K.-o.-Kriterium werden, eine Frau zu sein.« *(Judith K., 43)*

Leider gelingt es Frauen bislang kaum, sich auf ähnliche Weise informell zu organisieren und den Old Boys Networks entsprechende weibliche, ähnlich machtvolle Netzwerke entgegenzusetzen. Dies hat jedoch weniger mit den Männern als mit den Frauen selbst zu tun.

Frauen netzwerken anders

Während Männer vorrangig *nach oben* netzwerken und unterstützende Beziehungen auf höheren Hierarchieebenen suchen, die im Verlauf ihrer weiteren Karriere förderlich sein können, pflegen Frauen eher die Nähe zu statusgleichen Kolleginnen und Kollegen. Was für das unterschiedliche Verhältnis der Geschlechter zur Macht charakteristisch ist (siehe Kap. 7: Macht wagen!), zeigt sich auch hier: Für viele männliche Mitarbeiter sind Freundschaft und Hierarchie, Konkurrenz und Kooperation kein Widerspruch. Das Dilemma, das viele Frauen empfinden, weil sie glauben, sich zwischen Freundin und Feindin, Solidarität und Gegnerschaft entscheiden zu müssen, stellt sich für Männer gar nicht erst als Problem dar. Begriffe wie »Kumpel« oder »Kamerad«, mit denen sich auch die Similauner titulieren[15] und für die es bezeichnenderweise kein weibliches Pendant gibt, spiegeln die unterschiedliche Wahrnehmung der Geschlechter bei dem jeweiligen Gegenüber wider.

> »Das waren immer Männer, und ich hatte schon den Eindruck, dass man als Frau so ein bisschen außen vor war, dass die Männer untereinander anders funktionierten, wenn ich nicht dabei war.« *(Hannah P., 54)*

Zwar gibt es in vielen Unternehmen inzwischen auch reine Frauennetzwerke. Diese Netzwerke verfügen jedoch über weit weniger Macht als ihre männerdominierten Pendants. Das liegt natürlich in erster Linie daran, dass Führungsfrauen bislang über erheblich weniger Einfluss verfügen als ihre männlichen Kollegen, also entsprechend weniger Macht in ihren Netzwerken konzentrieren und verteilen können. Dies wird sich erst dann ändern, wenn eine »kritische weibliche Masse« im oberen Management und in den Vorstandsetagen erreicht ist.

Daneben wirken aber auch tiefer liegende Gründe. Nicht nur die Erwartungen, die Frauen an ein Netzwerk haben, sondern auch der dort praktizierte Umgang unterscheidet sich erheblich von dem der Männer.

In meinen Studien stelle ich oft fest, dass viele Frauen es selbst in formalen Netzwerken problematisch finden, die dort geknüpften Beziehungen und Kontakte strategisch zu nutzen, um beruflich voranzukommen. Dabei werden die Mitglieder dort nach transparenten Kriterien ausgesucht, sie organisieren sich egalitär und agieren öffentlich.

Der Unterschied im Verhalten von Frauen und Männern zeigt sich beispielhaft in den Antworten auf meine Frage: »Wären Sie bereit, einen Kollegen oder eine Kollegin für eine vakante Stelle oder eine spezifische Aufgabe zu empfehlen?« Die »weibliche« Antwort lautet: »Nein, lieber nicht. Es könnte sein, dass die Empfehlung negativ auf mich zurückfällt, falls die Kollegin die Erwartungen nicht erfüllt. Oder der Kollegin gefällt die Stelle gar nicht, und dafür macht sie dann mich verantwortlich.«

Die »typisch männliche« Antwort lautet dagegen ganz anders: »Klar, das mache ich gerne.« Mit dem Hintergedanken: Dann ist mir der Kollege etwas schuldig.

Als ich eine junge Managerin fragte, ob sie sich bei dem renommierten und erfolgreichen Frauennetz FIDAR engagiere, antwortete sie empört: »Nein, die nutzen das für ihre eigene Karriere.«

Vielen Frauen scheint es suspekt, persönliche Bande zum Zweck des beruflichen Fortkommens zu nutzen, und scheuen die hiermit verknüpften Unwägbarkeiten. Männer hingegen sehen professionelle Freundschaften und Kontakte eher als eine Form von strategischer Allianz, die durch gegenseitige Abhängigkeiten und Gefälligkeitskonten nicht infrage gestellt, sondern gestärkt wird. Hierarchie und Status werden in dieser »männlichen« Beziehungskultur stets mitgedacht.

> »Männliche Netzwerke sind darauf ausgerichtet, sich gegenseitig auch in Hierarchiebewegung zu unterstützen, also berufliches Fortkommen zu sichern. Frauennetzwerke funktionieren auf einer persönlichen Ebene sicherlich gut. Es gibt einen menschlichen Austausch etc., aber dieses straighte berufliche Sichweiterentwickeln wird nie so vorangetrieben wie in männlichen Netzwerken.« *(Hannah P., 54)*

So erlebe ich oft, dass Frauen erstaunt darüber sind, wie leicht Männern das Networking fällt und wie offensichtlich sie dabei auf den eigenen Vorteil bedacht sind. Frauen sehen darin eher ein unzulässiges, die persönliche Beziehung ausnutzendes Kalkül.

Nichtsdestotrotz sind »Frauennetzwerke« mittlerweile in vielen Unternehmen etabliert. Sie sind überwiegend durch Eigeninitiative junger Führungsfrauen entstanden und haben in der Regel formellen Charakter. Sie werden inzwischen von vielen Leitungen gefördert oder zumindest geduldet. Unternehmen wissen, dass es ihnen wirtschaftliche und imagemäßige Vorteile bringt, Frauen und Frauennetzwerke gezielt zu unterstützen und zu fördern.

Der zumeist offizielle, formale Charakter von Frauennetzwerken sorgt dafür, dass das Maß an Vertrautheit, Loyalität und Verbindlichkeit unter den weiblichen Mitgliedern erheblich geringer ist als bei den informellen Netzwerken der Männer. Frauen fühlen sich dem Netzwerk weniger verpflichtet; es ist ein Ort des Austausches und der Begegnung, kein Ort, an dem Macht verteilt wird. Außerdem sind Frauennetzwerke nicht exklusiv, da die Mitgliedschaft von formalen Kriterien und nicht von persönlichen Eigenschaften und Beziehungen abhängt. Eine Auswahl nach Selbstähnlichkeit ist in formalen Frauennetzwerken nur sehr begrenzt möglich und reduziert sich auf die Zugangsberechtigung qua Geschlecht. Verbindlichkeit und Loyalität ergeben sich auf diese Weise nicht automatisch. Einige Frauen sind Frauennetzwerken gegenüber sogar überaus kritisch eingestellt:

> »Es gibt viele Gegenstimmen von Frauen, die sagen, wir wollen das nicht. Sehr viele. Deswegen lassen wir auch die Finger davon. Ich will hier keine Extrasache nur mit Frauen machen. Denn dann fördern wir die Zweiklassengesellschaft nur noch mehr. Wenn, dann will ich ›mitvernetzt‹ sein mit meinen männlichen Kollegen, ich will im Geschäft mit drin sein.« *(Maria J., 52)*

Diese Ablehnung überrascht zunächst nicht, denn auch bei formalen Frauennetzwerken entsteht mitunter jene Double-Bind-Situation, die uns immer wieder begegnet. Frauennetzwerke werden von Männern gerne als symbolische Zusammenschlüsse derjenigen etikettiert, die anders und in der Minderheit sind und es deswegen nicht nach oben schaffen. Sie scheinen – so ein typischer Verdacht – aus einem Mangelbewusstsein heraus zu existieren. Im besten Fall sind sie sympathisch, in jedem Fall aber ungefährlich. Erneut werden Frauen auf ihr Geschlecht reduziert und nicht als potenziell versierte Netzwerkerinnen gesehen.

In einem Dossier der *Zeit* berichteten engagierte, erfolgreiche Frauen des Netzwerks Working Moms über ihre Erfahrungen.[16] Ein Großteil des Interviews widmete sich allerdings nicht dem Zweck und Ziel ihres Netzwerks, sondern der Frage, wie die Frauen es mit der Kinderbetreuung halten und ob sie mit der Rolle als Nicht-Vollzeit-Mutter zufrieden sind. »Wie gehen Sie mit der Frage um: Ist das überhaupt gut für mein Kind?«, lautete eine Frage, eine andere: »Beschweren sich die Kinder denn nie, dass Sie so wenig zu Hause sind?« Und: »Kennen Sie das Gefühl, dass sich vor lauter Arbeit und Geschäftsreisen eine Art emotionale Distanz zwischen Ihnen und Ihren Kindern einschleicht?«

Statt über berufliche Perspektiven und professionelle Netzwerkarbeit zu sprechen, wurden die Frauen also erneut auf ihre Rolle als Mutter und die damit verbundenen Herausforderungen im Job reduziert. Zweifellos sind dies wichtige und interessante Fragen, und es ist durchaus hilfreich, die vorhandenen Klischees zu thematisieren und aufzulösen. Einer Gruppe wie den Similaunern würden Fragen in Bezug auf die Vereinbarkeit ihrer Rolle als Väter und Vorstandschefs mit großer Sicherheit niemals gestellt werden.

Solch ambivalente Erfahrungen sollten Frauen trotzdem nicht davon abhalten, sich in Netzwerken zusammenzuschließen oder die offiziellen Förder- und Mentorenprogramme der Unternehmen in Anspruch zu nehmen. Sie bieten einerseits einen Ort, Erfahrungen auszutauschen und sich zu vergegenwärtigen, dass die Hindernisse und Schwierigkeiten, die einer Frau im Berufsleben begegnen, nicht aus ihrer Persönlichkeit oder einem Mangel an Kompetenzen zu erklären sind. Belastende Erfahrungen können durch den Erfahrungsaustausch in Frauennetzwerken *ent*individualisiert und als Resultat der bestehenden Strukturen verstanden werden. Allein dies kann große Potenziale an Tatkraft freisetzen.

Vor allem aber sollten Frauennetzwerke systematisch als Kontaktbörse und Wissenspool genutzt werden. Datenbänke können hilfreich sein, um Mitglieder über frei werdende Stellen im eigenen und in anderen Unternehmen zu informieren oder, umgekehrt, das Unternehmen über stellensuchende Frauen. In den Netzwerken könnten sich Mütter- (und Väter-)Gruppen bilden sowie Arbeitsgruppen zu frauenrelevanten Themen. Nicht zuletzt geht es dabei um geschicktes Marketing nach außen. Mit der praktischen Politik einer Netzwerkgründung ist nämlich auch eine symbolische Politik verknüpft, die das Interesse der (hoch) qualifizierten Frauen am Unternehmensgeschehen signalisiert, ihre beruflichen Ambitionen klarmacht und ihre professionelle Präsenz verdeutlicht.

Mentoring – Chance und Risiko

Seit einigen Jahren gilt es in Kreisen hochrangiger Manager als politisch korrekt, junge, ambitionierte Frauen zu fördern. Topmanager rühmen sich gerne, junge Frauen unter ihre Fittiche zu nehmen und ihnen neue Perspektiven zu eröffnen. Diese Art Mentoring gehört erfreulicherweise mittlerweile zum guten Ton.

Denn für junge Karriereeinsteigerinnen bietet Mentoring viele Vorteile und kann ihnen in den ersten Jahren sicherlich weiterhelfen. Frauen der Generation 50 plus hatten diese Chance oft nicht oder haben vielfach gar nicht über die Möglichkeit einer gezielten Förderung nachgedacht. Sie sahen sich vor allem mit Chefs konfrontiert, die ihnen im Weg standen, anstatt ihr Potenzial zu erkennen.

> »Ich habe mir immer gewünscht, ich hätte einen Förderer gehabt. Aber ich glaube, das Gegenteil war der Fall. Ich bin an männlichen Hürden gescheitert, wurde nirgendwo gefördert.« *(Petra E., 56)*

> »Ich habe, glaube ich, in diesen frühen Berufsjahren auch noch nicht so durchschaut, wie wichtig es ist, einen Mentor oder einen Förderer zu besitzen und Netzwerke zu haben.« *(Maria J., 52)*

Diesbezüglich hat sich die Situation für Berufseinsteigerinnen oder Anwärterinnen auf eine leitende Funktion heute eindeutig verbessert. Allmählich bilden sich effiziente Frauennetzwerke heraus, und dementsprechend ergeben sich Möglichkeiten von Förderung und Mentoring.

Neben der Bedeutung von Netzwerken als Unterstützungs- und Solidaritätsbündnisse darf ein weiterer Aspekt nicht übersehen werden. Immer stärker zeigt sich, dass informelle Netzwerke gerade in der »neuen« Arbeitswelt eine zentrale Rolle spielen.

In der »alten« Arbeitswelt verliefen die Kanäle der Einflussnahme entlang der formalen Hierarchien und Befehlsketten. Die Arbeitsschritte waren vorhersehbar, und es herrschte keine Unsicherheit über die jeweils zugeteilten Aufgaben. Somit folgten die Netzwerke auch eher den formalen Strukturen des Unternehmens.

Dies sieht in der »neuen« Arbeitswelt anders aus: Hier kann vieles nicht mehr vorausgeplant werden; die zur Lösung komplexer und variabler Aufgabenstellungen notwendigen zeitlichen und personellen Ressourcen sind nur schwer kalkulierbar. Zur Bewältigung des hohen Unsicherheitsgrades ist erheblich mehr Informations-, Kommunikations- und Koordinationsarbeit nötig als in den aufgabensicheren Arbeitsfeldern der Industriewirtschaft. Schließlich müssen sich zur innovativen und kundennahen Problemlösung immer wieder neue Fachkräfte in Projekten zusammenfinden. Sie müssen Wissen und Informationen teilen und fortan über hierarchische und Abteilungsgrenzen, mitunter auch Unternehmensgrenzen hinweg kommunizieren. Mit solch flexiblen und unbeständigen Arbeitsbeziehungen weichen die informellen Netzwerke von den formalen Strukturen erheblich ab und liegen unter Umständen quer zu ihnen. Diese »Shadow Structures«[17], das heißt Schattenstrukturen, aus losen professionellen

Kontakten, Freundschaften oder Zufallsbegegnungen definieren sich also in besonderem Maß durch Unübersichtlichkeit und Unkontrollierbarkeit.

Auch und gerade die Projektifizierung der neuen Arbeitswelt bietet eine große Chance für Frauen, eigene Netzwerke aufzubauen. So berichteten mir weibliche Beschäftigte im Alter von 30 plus vielfach von ihren positiven Netzwerkerfahrungen in der Projektarbeit:

> »Projekte sind Sprungbretter für Karrieren, weil sie sozusagen Türen öffnen. Sie müssen ja übergreifend recherchieren und haben einen guten Aufhänger, um überall anzuklopfen. Auf diese Weise lassen sich Netzwerke knüpfen.« *(Dorothee K. 37)*

> »Ich hab letztes Jahr an einem Projekt teilgenommen, bei dem ich in einem interkulturellen Team mit dabei war. Da habe ich natürlich ein Netzwerk mitgenommen, und jetzt kenn ich halt den Personaler in Südafrika.« *(Marion H., 39)*

> »Ich habe das Glück, dass ich durch die Projekte mit vielen Leuten in Kontakt komme. Andere, die immer in ihrer Linienfunktion sind, berichten vielleicht fünf, sechs Jahre lang an dieselben Leute und lernen auch nur ihre direkten Schnittstellen kennen. Dadurch, dass ich ständig woanders bin, habe ich dagegen viele Leute kennengelernt, auch sehr viele Entscheidungsträger.« *(Hannelore S., 38)*

Management und Kumpanei

Wir sehen: Netzwerken lohnt sich, vor allem auf der informellen Ebene. Sollten Frauen also doch auf die Berge steigen und entsprechende »Frauenbünde« gründen?

Selbst wenn sie es wollten: Je tiefgreifender sich die Arbeitswelt wandelt, desto weniger zeitgemäß erscheint die Gleichsetzung von Management-Höchstleistung und der Besteigung eines Berggipfels.

Die Geschichte der Similauner erfüllt viele Klischees des alten, »männlich« konnotierten Managerbildes: Selbstüberwindung, Unerschrockenheit, Resilienz, Heroismus, Übertragung des Leistungsprinzips und der Selbstoptimierung auch auf die Freizeit und die bedingungslose Orientierung nach oben. Auch durch ihre gemeinsame Aktivität des Bergsteigens leben die Similauner das Prinzip »think manager – think male« exemplarisch vor. Indem sie Topmanagement und Extremsport zusammen denken, signalisieren sie sich und anderen, erfolgreiche Eigenschaften seien zwangsläufig »männliche« Eigenschaften.

Doch dies ist mitnichten der Fall. Gerade in der Finanzkrise hat sich gezeigt, dass »Gipfelstürmer« nicht immer die besten Manager sind und dass exklusive männliche Netzwerke die Qualität des Managements nicht verbessern. Manager*innen* müssen sich nicht gegenseitig anseilen, um sich wechselseitige Abhängigkeit vor Augen zu führen; sie müssen nicht erst mühevoll auf eine Berghütte klettern, um vertraulich miteinander kommunizieren zu können. Sie sind durchaus in der Lage, nachhaltig und verantwortungsbewusst zu denken und zu handeln, ohne sich permanent übertreffen zu müssen.

Die männliche Interpretation von gutem Management führt nicht selten zu Fehleinschätzungen. Das Selbstverständnis der

Similauner war schon in den Achtzigerjahren überhöht und wurde den tatsächlichen Anforderungen der Arbeitswelt nicht mehr gerecht. Weil sie jedes Jahr neue Gipfel besteigen konnten, glaubten sie, dass dies auch in der Wirtschaft immer wieder aufs Neue möglich sei. Doch was beim Bergsteigen stimmt – wer einen Dreitausender erklommen hat, schafft höchstwahrscheinlich auch einen zweiten, dritten und vierten –, geht bei der Lenkung eines Großkonzerns nicht mehr auf: Eine erfolgreiche Fusion, bei der viele Jobs eingespart wurden, garantiert noch lange nicht, dass auch die nächste erfolgreich sein wird. Die Folgen – beispielsweise bei Daimler, wo der Similauner Jürgen Schrempp nach der erfolglosen Fusion mit Chrysler inzwischen als »größter Kapitalvernichter aller Zeiten«[18] betitelt wird –, sind bekannt. Auch Thomas Middelhoff, der lange Jahre als Managementgenie bewundert wurde, dem alles zu gelingen schien, was ihm in die Hände kam, und der in der Lage schien, jeden angeschlagenen Konzern in eine Goldgrube zu verwandeln, hat sich bei Arcandor schließlich übernommen und sitzt inzwischen im Gefängnis.[19]

Weibliche Führungskräfte dagegen wissen, dass Netzwerken nicht bedeutet, sich gemeinsam bis zur Erschöpfung zu verausgaben. Männergruppen, die – fern von ihrer Belegschaft und ihrer Familie – »am Berg« über Leistung und Glück sinnieren, sind längst nicht mehr zeitgemäß; Unternehmen, an deren Spitze ein Netzwerk von Männern steht, nicht mehr konkurrenzlos. Gefragt sind Mixed Leadership und die Ressource »weiblich« konnotierter Kompetenz. Dazu zählt nicht zuletzt Selbstreflexion und die Fähigkeit zur Selbstkritik – eine Kompetenz, die für die Manager der alten männlichen Schule eine weit größere Herausforderung darstellen dürfte als ein schneebedeckter Dreitausender.

Frauen sollten sich von der männlichen Version des Netzwerks nicht einschüchtern lassen oder gar diese Form der männlichen »Kumpanei« oder »Vetternwirtschaft« kritiklos übernehmen. Wenn sich Frauen zusammenschließen und sich über erlebte Schwierigkeiten, Diskriminierungen und Probleme austauschen wollen, dann hat das mit einem »weinerlichen Kaffeeklatsch« nichts zu tun. Gegenseitige Unterstützung kann wertvolle, gebundene Kräfte freisetzen, die an anderer Stelle dringend gebraucht werden. Vor allem aber sollten Frauen auch in informellen Räumen nach Gesinnungsgenossen und Unterstützern beiderlei Geschlechts suchen, ihre Interessen bündeln und auf diese Weise Netzwerke, und zwar auch reine Frauennetzwerke, bewusst für die eigene Karriere nutzen. Auf einen Berg klettern müssen sie deshalb aber noch lange nicht.

Kapitel 5

Weniger planen!

> »Die Jobs, die ich immer gemacht habe, das waren keine Jobs, die es vorher gegeben hat. Also es war alles immer neu, das habe ich mir selbst erarbeitet und strukturiert und organisiert.«
> *(Tanja Z., 33)*

Wenn ich heute mit meinen Nichten und Neffen aktuelle Kindersachbücher durchblättere, kommt es mir vor, als würde ich ihnen aus einem Märchen vorlesen – vor allem dann, wenn es um Berufe und Arbeit geht. Die alte Arbeitswelt mit ihren klar definierten Aufgaben, Arbeitsbereichen und Geschlechterrollen existiert in jenen Sachbuchreihen wie *Junior – Wieso, Weshalb, Warum?* vom Ravensburger Verlag so selbstverständlich fort, als hätte es den gesellschaftlichen Wandel der letzten fünfzig Jahre kaum gegeben.

In diesen Kinderbüchern wird das Thema »Berufe« meist in Analogie zu den »Tieren« vorgestellt. Jedem Tier lässt sich offenbar eine natürliche Umgebung, eine Temperatur und eine Gesellschaft von anderen Tieren zuordnen. Der Löwe wird vor dem Hintergrund einer Savanne gezeigt, in Gemeinschaft mit der Giraffe und dem Elefanten, die Kuh hinter einem Zaun auf der Wiese neben dem Milchbauern, der Eisbär auf einer Eisscholle.

Jedes Tier gibt ein bestimmtes Geräusch, zum Beispiel ein Wiehern oder ein Fauchen von sich und repräsentiert manchmal auch eine bestimmte Stimmung oder Lebenshaltung, zum Beispiel Gemütlichkeit wie der Bär oder besonderen Fleiß wie der Hamster.

Bei den Berufen scheint es ähnlich zu sein: Es gibt den Feuerwehrmann, Arzt, Polizisten, Astronauten, Lehrer, Maler, Musiker, Wissenschaftler oder den Angestellten, der mit einer Aktentasche ins Büro geht. Zu jedem Beruf gehören eine Reihe von Requisiten, eine entsprechende Umgebung und eine jeweilige Tätigkeit. So wird der Arzt immer mit einem oder mehreren Patienten gezeigt, der Lehrer mit seinen Schülern, der Wissenschaftler im Labor vor Reagenzglas und Bunsenbrenner, der Polizist in einem Polizeiauto mit heulender Sirene, der Astronaut in seiner Rakete, der Musiker in seinem Orchester, und der Angestellte sitzt (neuerdings) vor einem Computer am Schreibtisch. Berufe scheinen typische Orte und Inhalte zu haben.

Bei näherer Betrachtung gilt diese Eindeutigkeit natürlich nicht einmal für die Tiere, denn ihr Lebensraum ist heute vielfach bedroht – geschweige denn für die Berufe: Der Feuerwehrmann verbringt womöglich einen Großteil seiner Zeit mit Bürotätigkeiten, der Arzt codiert seine Diagnosen nach dem Abrechnungssystem der Krankenkassen, der Astronaut fliegt nur einmal im Leben, wenn überhaupt, ins All, der studierte Lehrer bereitet vielleicht als Abgeordneter im Parlament eine Debatte vor. Der Angestellte arbeitet von zu Hause aus und betreut nebenher noch ein Kleinkind. All dies wird von der gegenständlichen Darstellung der Arbeitswelt in den Kinderbüchern nicht erfasst – kein Wunder, zeigt sich in modernen Berufsbildern doch eine Komplexität, mit der auch gestandene SoziologInnen bisweilen zu kämpfen haben.

Nichtsdestotrotz müssen wir lernen, mit dieser neuen Wirklichkeit umzugehen: Studien zufolge arbeitet über die Hälfte der Beschäftigten heute nicht in den Berufen, die sie eigentlich erlernt haben.[1]

Die Frage: »Was willst du einmal werden?«, regt zwar die Fantasie von Kindern und jungen Menschen an, doch nur in den seltensten Fällen werden diese Fantasien wahr. Die meisten modernen Berufsbiografien sind kaum mehr planbar, ihre Verläufe nicht linear. Warum aber halten wir trotzdem an den Vorstellungen fester Erwerbsbiografien und beruflicher Rollen fest?

Vielleicht spiegelt sich in den typisierten Darstellungen von Berufen eine Sehnsucht nach der Klarheit der alten Zuschreibungen wider, nach einer Welt, in der man sich früh für einen Beruf begeistern und sicher sein konnte, was einen dort erwartet.

Inzwischen gehört diese klar konturierte Arbeitswelt der Vergangenheit an. Innovationsdruck, Globalisierung und Ausdifferenzierung in allen Bereichen haben dazu geführt, dass die meisten Eltern heute Berufe ausüben, die sie ihren Kindern kaum noch anschaulich erklären können. Einem *Key Account Manager* oder *Sales Executive* fällt es oft schon schwer, der eigenen Partnerin zu erklären, mit welchen Inhalten er sich tagtäglich auseinandersetzt. Innovative Lösungen, kreative Impulse, flexible Strategien – all das, was heute für den Erfolg eines Unternehmens wichtig ist, lässt sich kaum so gegenständlich abbilden wie ein traditioneller Beruf. Zunehmend löst die notwendige Verbindung von stets aktuellem Expertenwissen, innovativen zeitnahen Problemlösungen und kundenorientierten Sachkenntnissen die herkömmlichen zertifizierten Qualifikationsprofile ab. Praktisch alle modernen Erfolgsfaktoren sind immateriell und an Personen und ihre individuellen Kompetenzen gekoppelt, weniger an formale Tätigkeiten oder Funktionen.

Dieser Befund hat Folgen für die Karriereplanung. Wenn schwer zu prognostizieren, schwer zu vermitteln ist, worin eine zukünftige Tätigkeit eigentlich besteht – wie können BerufseinsteigerInnen und junge Führungskräfte dann auf sie hinarbeiten? Wie können sie ihre Karriere sinnvoll planen, wenn die Laufbahn nicht durch den Berufsabschluss oder das Studium festgelegt ist und die spätere Tätigkeit, die zukünftige Stelle womöglich noch gar nicht existiert? Wie können sie ihre Zukunft konzipieren, wenn »alte« und »neue« Strukturen, »alte« und »neue« Arbeitsformen parallel existieren und sich häufig sogar gegenseitig behindern?

In einer Zeit der Strukturbrüche ist die Zukunft nicht mehr berechenbar. Digitalisierung und Globalisierung wirbeln den Arbeitsmarkt erheblich durcheinander – Hunderttausende Jobs werden in den kommenden Jahren wegfallen, neue werden entstehen. Gefragt sind deshalb andere Qualitäten: Flexibilität, Improvisationstalent, Kreativität, Neugier und Selbstbewusstsein.

Die von mir interviewten Mitglieder der Generation 35 plus sind mit dieser Unberechenbarkeit bereits vertraut. Einige von ihnen haben sich mit der unsicheren Situation sogar angefreundet.

Für sie ist Karriere grundsätzlich nicht mehr planbar – sie verstehen, dass es unumgänglich geworden ist, neben der konkreten Vorstellung von der eigenen Karriere auch eine positive Haltung zum Unvorhersehbaren zu entwickeln. Dies birgt für Frauen einmal mehr Chancen *und* Risiken zugleich.

Weibliche Führungskräfte haben nach einer Studie aus dem Jahr 2003[2] besondere Übung im Umgang mit dem Ausbalancieren von widersprüchlichen Anforderungen und der Verknüpfung von vermeintlich unvereinbaren Sphären. Sie verfügen nachweislich über bessere Kompetenzen im Umgang mit Entgrenzung als ihre männlichen Kollegen. Folgerichtig sind Frauen »auf der Höhe der Zeit« und entsprechen den bereits gegenwärtig in den Betrieben formulierten Anforderungen an die Beschäftigten – *wenn man sie denn ließe.*

ArbeitskraftunternehmerIn sein

»Was will ich werden?« »Wie erreiche ich eine bestimmte Position?« In der »alten« Arbeitswelt der Industriewirtschaft ließen sich diese Fragen in der Regel noch ähnlich eindeutig beantworten wie die Frage nach dem Lebensraum eines bestimmten Tieres. Ein ausgebildeter Buchhalter arbeitete in der Buchhaltung, für Sekretärinnen gab es besondere Schulen, die sie auf die praktischen Anforderungen ihres zukünftigen Berufs vorbereiteten. Wer studiert hatte, konnte sich im Prinzip an den klassischen Laufbahnen orientieren, die für sein Fach vorgesehen waren. Wem es gelang, nach der Ausbildung eine passende Stelle in einem großen Unternehmen zu ergattern, dessen weiterer Karriereweg war zumeist vorgezeichnet; große Veränderungen in der Erwerbsbiografie waren kaum noch zu erwarten. Die »Normalbiografie« war gekennzeichnet durch eine lebenslange Erwerbsarbeit, lediglich unterbrochen durch Sonntage, Feiertage und Ferien. Es war eine Zeit, in der von den Beschäftigten eher Kontinuität und Loyalität als die Bereitschaft zur permanenten Weiterentwicklung gefordert wurden; eine Zeit, in der die Rede vom »lebenslangen Lernen« höchst befremdlich geklungen hätte, da es nicht darum ging, etwas zu lernen, sondern darum, etwas zu erledigen.

Individualisierung, Globalisierung und technischer Fortschritt haben dieses Verständnis drastisch verändert. Das fordistisch-bürokratische System der Industriewirtschaft, wo Arbeitsprozesse in kontrollierbare Schritte zerlegt wurden und Mitdenken unerwünscht war, wo Fleiß und unkritische Ergebenheit gegenüber dem Chef die Chancen für den linearen Aufstieg erhöhten, wird – wie ich in den vorangegangenen Kapiteln gezeigt habe – zunehmend durch flexible, hierarchieflache Strukturen abgelöst.

Die Sinnhaftigkeit starrer Erwerbsbiografien wird somit infrage gestellt. Langfristige Planungsmodelle stehen heute überall auf dem Prüfstand und werden durch Modelle ersetzt, die auf Flexibilität und Beweglichkeit abzielen. Gleichzeitig können sich auch viele Unternehmen den Luxus eines konstanten Businessmodells, auf das sich langfristig bauen und mit dem sich planen lässt, nicht mehr leisten. Der globalisierte Markt verändert sich permanent, und er verändert sich schnell. Dies führt zu häufigen Umstrukturierungen interner Arbeitsbereiche, -prozesse und -anforderungen. Entsprechend können auch die Beschäftigten nicht mehr davon ausgehen, mit ihren individuellen Kompetenzen lebenslang in einem Firmenbereich oder bei einem Unternehmen beschäftigt zu sein. Ebenso wie die Unternehmensleitung sind sie gezwungen, ihre Karriereziele ständig neu abzuwägen, anzupassen und selbstständig zu verfolgen. Anstatt sich einem Unternehmen auf Dauer zu verschreiben, gehen die von mir Befragten mehr und mehr dazu über, ihre Arbeitskraft strategisch in ihren firmeninternen und -externen Netzwerken anzubieten, um für die eigenen Kompetenzen einen möglichst hohen Gegenwert (in Form von Gehalt, Macht oder attraktiven Inhalten) zu erhalten.

Anders gesagt: Der Grad an Verbindlichkeit zwischen Unternehmen und ihren Beschäftigten ist gesunken. Die Beschäftigten sind zu »Arbeitskraftunternehmern« geworden, und ihre Position auf dem Arbeitsmarkt hängt maßgeblich von der Fähigkeit ab, sich gut zu »verkaufen« und gegen die anderen »Arbeitskraftunternehmer« durchzusetzen.

So paradox es klingen mag, hat dies nicht zuletzt auch eine Aufwertung der Arbeit insgesamt zur Folge. Von den Mitarbeitenden wird zwar Hingabe verlangt – im Gegenzug wird ihnen jedoch auch mehr Selbstverwirklichung und Befriedigung durch ihre Tätigkeit zugestanden. Vergleichen wir diese Entwicklung mit den typisierten Darstellungen von Berufen in Kinderbüchern, so kommt das heutige Ideal des Angestellten im Grunde der alten Vorstellung vom Künstler am nächsten, der sich mit seiner Arbeit identifiziert und durch sie Anerkennung und Selbstwert erlangt.

Es gibt nur noch wenige Firmen, die von ihren Beschäftigten keine Identifikation mit den Zielen und der Corporate Identity des Unternehmens erwarten. Leidenschaft zu zeigen, Erfüllung in der Arbeit zu finden, Kreativität zu leben, das Kollegenteam als Familie anzusehen – dies sind die modernen Leitbilder und Überschriften für das, was früher vor allem anstrengend, zeitraubend und finanziell notwendig war. Wer in Bezug auf die Arbeit nicht den Anspruch verfolgt, sich selbst zu verwirklichen, ist heute praktisch chancenlos.[3]

In Bewerbungsgesprächen führt dies häufig dazu, dass sich die BewerberInnen verpflichtet fühlen, ihr ganzes Leben so darzustellen, als wäre die Stelle, um die es geht, nichts weniger als die Krönung ihres bisherigen beruflichen Wirkens, die Erfüllung eines lang gehegten Traums – eine mitunter wahnhaft anmutende Verzerrung, die den Beteiligten oft gar nicht auffällt. In meinen Interviews stelle ich immer wieder fest, dass der Anspruch auf Selbstverwirklichung nicht selten mit einem erheblichen Maß an Selbsttäuschung und Überforderung einhergeht.

> »Ich habe Wochenenden geopfert, ich habe hier schon 36 Stunden am Stück durchgearbeitet, ohne schlafen zu gehen und zu Hause gewesen zu sein. Und das kann man auf Dauer nicht durchhalten.« *(Ulrich R., 39)*

Die Stresskrankheit Burn-out liefert zu dieser Entwicklung die passende Metapher: Ausbrennen kann etwas nur, wenn es gänzlich dem Feuer übergeben wird. Solange Arbeit und Freizeit getrennte Sphären sind und jeweils eigene Spielfelder der Selbstverwirklichung darstellen, ist diese völlige Hingabe an die eigene Arbeit nicht möglich. Erst dadurch, dass moderne Beschäftigte bereit sind, ihre gesamte Lebensenergie und Heilserwartung in einen Job zu investieren, können sie grandios und mit ihrer ganzen Person scheitern. In der Pokersprache ließe sich sagen: Die Beschäftigten sind heute *all-in.*

Halten wir fest: Für Mitarbeitende bedeutet das neue Leitbild mehr unternehmerische (Mit-)Verantwortung – eine Herausforderung mit ambivalenten Folgen. Wer sich für den Erfolg seiner Arbeit verantwortlich fühlt, beutet sich schneller selbst aus. Andererseits sind persönliche Erfahrung, schnelle Anpassungsfähigkeit, Kontextwissen und Kundennähe, Kreativität und Empathie genau jene Fähigkeiten, die ihnen heute Überlegenheit gegenüber Maschinen und Robotern verschaffen, die also Sinn geben, erfüllend sind – und (vorerst) ihre Stelle sichern.

Nichtsdestotrotz: Das sowieso schon ambivalente Bild des modernen »Arbeitskraftunternehmers« ist obendrein von alten, traditionellen Klischees eingefärbt. Auch in diesem Bild stoßen wir auf die Parallelität »alter« und »neuer« Strukturen, die besonders für Frauen hinderlich sind. So ist der moderne Beschäftigte in der Regel nach wie vor männlich: In Analogie zu der traditionellen Anschauung »think manager – think male« gilt heute weiterhin: »think commitment – think male«; »think passion – think male« oder »think risk – think male«. Denken wir an »Selbstverwirklichung im Job«, so denken wir in der Regel an einen einzelgängerischen Mann, der keine Rücksichten auf Familie, Kinder oder die eigene Gefühlswelt nehmen muss. Die medial ausgeschlachtete Biografie von Steve Jobs ist ein markantes Beispiel für diesen Typus. Stellen wir uns den Beschäftigten als einen Unternehmer seiner eigenen Arbeitskraft vor, so denken wir an einen männlichen »Risk Taker«. Vor allem die »durchsetzungsstarke, belastbare und flexible Führungskraft« wird automatisch mit einem Mann assoziiert.

Weiblich konnotierte Fähigkeiten und Lebensbereiche werden in diesem Bild des Beschäftigten systematisch ausgeblendet. Wie das Bild des »Künstlers«, der sich seinem Werk ganz hingibt, ein klischeehaft »männliches« ist, so wird auch der Beschäftigte in der neuen Arbeitswelt stereotyp mit männlichen Eigenschaften und Vorstellungen identifiziert. Sinnhafte Aufgaben- und Teamorientierung, Einfühlungsvermögen, Selbsthinterfragung, das Bedürfnis, auch mal zeitlich zurückzustecken, und natürlich Kinder- oder Elternbetreuung – all das passt nicht ins Bild des »Arbeitskraftunternehmers«. Dies ist in meinen Augen auch ein Hauptgrund dafür, warum die vorgeschlagenen Teilzeitmodelle trotz der guten Argumente, die für sie sprechen, weit davon entfernt sind, sich flächendeckend durchzusetzen. *All-in* und ein Halbtagsjob passen einfach nicht zusammen.

Marissa Mayer, CEO des Yahoo-Konzerns, ließ 2013 sogar verlauten, dass die Zeit von Homeoffice und flexiblen Arbeitszeiten vorbei sei, zumindest in der Yahoo-Welt – aber dies gilt ebenso für Apple, Google oder beispielsweise IBM. Mayer demonstrierte ihre Entscheidung ostentativ und stieg nach nur vierzehn Tagen Mutterschaftsurlaub wieder voll ins Geschäft ein. Sie begründete ihre Haltung damit, dass nur Anwesenheit die Interaktion der MitarbeiterInnen untereinander und deren Produktivität sichern könne.[4] Dies ist erstaunlich, denn immer mehr karriereorientierte Manager wollen nicht länger ihr gesamtes Leben nach dem Beruf ausrichten. Zunehmend hegen sie den Wunsch nach kürzeren Arbeitszeiten, um Zeit für die Familie, PartnerInnen, Freunde und für die eigene Rekreation zu finden.[5]

Fazit: Die Aufforderung und Erwartung an die Beschäftigten, sie sollten sich in ihrer Arbeit selbstverwirklichen, klingt attraktiv und sinnstiftend. Doch für weibliche Beschäftigte beinhaltet das Ideal des Arbeitskraftunternehmers oftmals ein Problem: Ihr Lebensmodell, das womöglich eine Familie und Kinder mit einschließt, erfordert gezielte Planung und äußere Sicherheit – Faktoren also, die im Bild des Arbeitskraftunternehmers nicht vorkommen.

Frauen planen anders

Wenn es um die Frage geht, wieso Frauen noch immer nicht zahlreich in den höheren Etagen der großen Unternehmen zu finden sind, hört man oft folgende Begründung: Sie planen, im Gegensatz zu den Männern, ihre Karriere ungenügend oder gar nicht. Damit ist in erster Linie gemeint, dass Frauen sich weniger mit der Frage auseinandersetzen würden, wie und auf welche Weise sie bestimmte berufliche Ziele erreichen möchten. Diese Annahme ist grundlegend falsch – das belegen meine Studien.

Was die Karrieremotivation angeht, so zeigen sich in Wahrheit kaum Unterschiede zwischen den Geschlechtern. Für die Generation der heutigen Berufseinsteigerinnen und Führungskräfte 35 plus gilt: Männer und Frauen sind gleich stark karriereorientiert. Auch junge Frauen denken frühzeitig über den weiteren Verlauf ihres (Berufs-)Lebens nach und planen entsprechend. Somit liegt die Vermutung nahe, dass Frauen zwar nicht weniger planen als Männer, aber ein anderes Planungsverhalten aufweisen.

Der weibliche Karriereplan klingt oft wie Fleißarbeit in Bezug auf das eigene Leben – im Vordergrund scheint das Erreichen von Qualifikationszielen zu stehen, an denen sich eine Frau orientieren kann. Zudem suchen Frauen vor allem nach inhaltlichen Zielen und stellen sich somit Fragen wie: »Mit welchen Inhalten möchte ich mich auseinandersetzen?« »Welches berufliche Klima ist mir besonders wichtig?« »Wo kann ich meine persönlichen Stärken besonders gut einsetzen?« Oder: »In welchem Beruf und in welcher Firma ist die Vereinbarkeit von Beruf und Familie am besten möglich?«

Für Männer hingegen stehen ganz andere Fragen im Vordergrund. Sie planen durchweg nicht zum Zwecke der Selbstversicherung. Sie sind auf der Suche nach Status, Geld und Macht. Sie fragen sich: »Auf welchem Posten möchte ich in welchem Alter sein?« »Wie viel möchte ich in welchem Alter verdienen?« »Was möchte ich in welchem Alter an Statussymbolen besitzen?« Sie planen nach machtpolitischen Erwägungen.

Die klischeehaften Sätze: »Mit dreißig will ich die erste Million auf dem Konto haben« oder: »Mit vierzig, wenn ich drei Kinder habe, will ich einen Porsche fahren«, werden vorrangig von Männern geäußert und bilden den Unterschied der geschlechtsspezifischen Ziele ebenso ab wie der bekannte Ausruf des jungen Gerhard Schröder vor dem verschlossenen Kanzleramt: »Ich will hier rein!« Er bezieht sich weder auf eine Tätigkeit noch auf eine bestimmte Politik oder inhaltliche Überzeugung, sondern allein auf den Akt der Machtergreifung. Ebenso gut hätte er sagen können: »Ich möchte Kanzler werden!«

Angela Merkel erscheint in der viel zitierten Pressekonferenz nach ihrer Wahl zur Kanzlerin dagegen fast schon schüchtern. Ein englischer Journalist hatte sie damals nach ihren persönlichen

Gefühlen zu ihrem Erfolg befragt (»Are you happy now?«) und war offenbar irritiert von ihrer Art und Weise, ihren Triumph zu zelebrieren. Die ganze Nation konnte vor laufender Kamera beobachten, wie schwer es ihr fiel, ihren Stolz und ihre Freude über den Aufstieg in die höchste politische Machtposition auszudrücken. Sie lächelte unbeholfen und nickte (»Yes«). Natürlich wurde ihr diese Reaktion – den bereits beschriebenen Klischees entsprechend – von manchen als emotionale Armut ausgelegt, doch könnten auch andere Gründe eine Rolle gespielt haben: Vielleicht war sogar ihr, der oft als »Machtpolitikerin« Titulierten, in diesem Moment das durch Klischees bestimmte, angebliche Missverhältnis zwischen einer Frauenrolle und ihrer realen Position bewusst. Offen nach Status und einer Position zu streben, ist für Frauen noch immer ungewohnt und tabuisiert, insofern kann auch die Freude über dieses Ziel, wenn es einmal erreicht ist, nur verhalten ausfallen. Obwohl Merkel, indem sie ihre Freude eher bescheiden ausdrückt, anstatt laut auszurufen: »Jipiie! Jetzt bin ich die Chefin!«, eigentlich eine machtpolitisch klug begründete Zurückhaltung beweist – doch gerade diese Zurückhaltung wird ihr als emotionales Defizit ausgelegt.

Zurück zur Frage der Karriereplanung: Wenn »Karriereplanung« bedeutet, über die eigene Karriere nachzudenken, die eigenen Ziele zu reflektieren und das eigene Leben entsprechend auszurichten, dann planen Frauen eher sogar mehr als ihre männlichen Kollegen. Der Unterschied jedoch ist: Sie planen weniger strategisch – was ihnen machtpolitisch Nachteile einbringt. Vor allem aber planen Frauen oftmals zu viel. Oder anders gesagt: Es fällt ihnen schwerer, die Dinge auf sich zukommen zu lassen.

Der souveräne Faulenzer

Die meisten LehrerInnen und DozentInnen kennen jenen Typ Schüler, der sich jeder Anstrengung verweigert und trotzdem bei allen beliebt ist. Dieser Typus, ich nenne ihn den »souveränen männlichen Faulpelz«, ist fest in unserer Kulturgeschichte verortet. Sich zurücklehnen, anderen die Arbeit überlassen, um dennoch am Ende zu gewinnen, das ist ein Traum, der Männerherzen höher schlagen lässt.

Klassische Vertreter dieses Typs sind Al Bundy und Homer Simpson. Bei diesen Figuren übernehmen die Frauen nahezu sämtliche ernsthaften Arbeiten, während die Männer Bier trinken, Blödsinn machen und vor dem Fernseher sitzen. Dennoch wird besonders Homer Simpson, nach über zwei Jahrzehnten popkultureller Präsenz, auch heute noch gerne, und nur zum Teil scherzhaft, von männlichen Heranwachsenden als ideales Rollenvorbild genannt – die wenigsten jungen Mädchen hingegen dürften sich eine Rolle wünschen, die der von Marge Simpson ähnelt.

Gelassenheit und Erfolg sind sich oft näher, als es zunächst scheint. Ein weiteres Beispiel: Im Jahr 2007 wurde Marcel Rohner Vorstandsvorsitzender der UBS und war damit der jüngste Leiter einer international bedeutenden Großbank. In Zeitungen wurde der »Shootingstar« für seinen »kometenhaften Aufstieg« bewundert – nach dem eigenen Ehrgeiz befragt, klang er jedoch cool und gelassen: »Ich habe noch nie Karriereplanung betrieben.«[6] Einerseits ist diese Selbstdarstellung pure Koketterie, doch der Jungmanager drückt damit auch aus: Ich habe Karriereplanung nicht nötig. Oder: Ich muss mich nicht bemühen, Vorstandsvorsitzender zu werden, das schaffe ich auch so. Er begründet den eigenen Erfolg also indirekt allein aus seiner Person heraus.

Auch der Facebook-Milliardär Mark Zuckerberg, der auf offiziellen Terminen gerne in Badelatschen und T-Shirt auftaucht, zeigt dadurch weniger Bescheidenheit als ein Selbstbewusstsein, das seine Stärke allein aus der eigenen Person bezieht.

Selbst Frauen in hohen Positionen äußern manchmal, dass sie keine Karriereplanung betrieben und ihren Posten nicht aktiv angestrebt haben. Doch scheinen sie damit das genaue Gegenteil von dem zu meinen, was Marcel Rohner vermittelt. Sie wollen zum Ausdruck bringen: »Für meine Karriere sind andere Faktoren verantwortlich als nur ich selbst.« Paradigmatisch für diese Einstellung ist eine Äußerung von Heide Simonis, noch aus dem Jahr 1994: »Ich stand immer in der Landschaft rum, oder die Partei guckte immer gerade in die Richtung, in der ich stand, wenn sie dringend eine Frau suchte.«[7] Was sie kurz vor ihrer Ernennung zur Ministerpräsidentin von Schleswig Holstein sagte, lässt sich in etwa so übersetzen: Es lag an vielen, nur nicht an mir.

Anders formuliert: Das, was heute in besonderer Weise gefordert wird und ausschlaggebend für den beruflichen Erfolg ist, nämlich Selbstbewusstsein und Stärke allein aus der eigenen Person zu schöpfen, fällt Frauen bedeutend schwerer als Männern. Und zwar aufgrund der traditionellen Rollenerwartungen und aufgrund eines betrieblichen und gesellschaftlichen Klimas, in dem ihnen als hoch qualifizierten Führungskräften oder Topmanagerinnen immer noch Skepsis und Misstrauen entgegengebracht wird.

Die Flexiblen

Wenn es um junge Beschäftigte geht, wird heute oft von der »Generation Y« (Y = Why)[8] gesprochen. Diese Generation, heißt es pauschal, sei besonders gelassen und selbstbewusst. Als ich junge Führungskräfte im Alter von etwa fünfunddreißig befragte, konnte ich tatsächlich eine Gruppe ausmachen, auf welche diese Beschreibung zuzutreffen schien. Diese jungen Arbeitenden sahen ihrer Zukunft entgegen, ohne konkrete Karriereplanungen zu unternehmen. Ich bezeichne diese Gruppe deshalb als »die Flexiblen«.

Bereits im Jahr 2007 hat die Markforscherin Yvonne Fritzsche-Sterr eine Umfrage unter dreihundert deutschen Führungskräften unter vierzig Jahren durchgeführt und Ähnliches festgestellt. Ihr Ergebnis: Heutige Nachwuchskräfte sind äußerst zielstrebig, dabei aber auch grundsätzlich offen. Sie haben die Entgrenzung der modernen Arbeitswelt internalisiert, ihnen geht es vor allem darum, keine der Möglichkeiten, die sich im Verlauf ihrer Karriere bieten, zu verpassen. Pointiert gesagt: Das Einzige, worauf sie sich festlegen wollen, ist, sich nicht festzulegen.[9]

Dies gilt auch für »die Flexiblen« in meiner Studie. Biografische Entscheidungen und Ziele halten sie sich bewusst offen. Dennoch sind sie sehr karrieremotiviert und dementsprechend selbstbewusst – sie haben nur andere Vorstellungen davon, was eine Karriere eigentlich ausmacht.

> »Karriere habe ich so nicht geplant, sondern habe mir möglichst viele Optionen offengehalten. Wenn sich dann Möglichkeiten ergeben haben, habe ich mich da eingebracht.« *(Gabriel F., 41)*

Trotz des offen bekundeten Selbstbewusstseins trägt die Haltung der »Offenheit« jedoch immer auch Züge einer Kompensationsstrategie. Sie stellt eine Anpassung an ein Arbeitsumfeld dar, das seinen MitarbeiterInnen kaum Sicherheiten bietet. Wer sich »flexibel« gibt, reagiert somit auf die in der Berufswelt erlebte Unvorhersehbarkeit. Situative Anpassung an äußere Umstände erscheint notgedrungen sinnvoller als langfristige Planung von Lebenszielen.

> »Ich kann es nicht planen, und ich gebe mich auch nicht der Idee hin, das jetzt planen zu müssen. Das macht mir nur Stress. Ich würde mich unter Druck setzen und denken: ›Ah, du hast es nicht geschafft.‹ Dem will ich mich nicht aussetzen.« *(Tanja Z., 33)*

> »Klar kann man jetzt kontinuierlich darauf hinarbeiten, dass man mit fünfundvierzig das und das Ziel erreicht haben möchte. Aber das ist nichts für mich. Da bin ich vielleicht auch anders als andere.« *(Norbert K., 42)*

Die »flexible« Karrierestrategie entspricht bestens den Forderungen einer entgrenzten Arbeitswelt. Fluiden, netzwerkartigen Unternehmen ist Flexibilität willkommen, denn Beschäftigte, die weniger Sicherheiten verlangen, können kurzfristiger eingesetzt und auch ausgetauscht werden. Schnell wird klar: Dies ist nicht unproblematisch. Laut einer Gallup-Umfrage haben siebzig Prozent aller Arbeitnehmer in Deutschland nur eine geringe emotionale Bindung an ihr Unternehmen. Man sollte meinen, mit solchen Mitarbeitern lässt sich kaum innovativ und konkurrenzstark agieren.[10]

Wenn allerdings die Rolle der Beschäftigten als Befehlsempfänger abgelöst und in den einzelnen Projektkonstellationen durch die

Rolle des Kooperationspartners ersetzt wird, dann erleben die Beschäftigten dies nicht als Zumutung, sondern als Freiheits- und Selbstverwirklichungsgewinn. Die Bindung an das Unternehmen kann so durch sinnhaftes, relativ autonomes und gleichberechtigtes Handeln erfolgen, das für die Unternehmen *und* die eigene Person gewinnbringend ist und die kontinuierliche Weiterentwicklung beider Seiten ermöglicht.

Ob Kompensationsstrategie oder ausgelebter Freiheitsdrang – ein Aspekt fiel mir besonders ins Auge: »Die Flexiblen« waren fast immer Männer.

Wer sich Flexibilität leisten kann

Der Wunsch nach permanenter Flexibilität lässt sich natürlich auch als eine Angst vor Bindungen beschreiben – und über die Bindungsangst moderner Männer ist bereits hinreichend geschrieben worden. Meist wird sie für Frauen dann zum Thema, wenn sie eine Familie gründen wollen und auf konkrete Planung und Verbindlichkeit angewiesen sind. Männer fürchten sich vor Autonomieverlust, und gerade eine »inflationäre Zurschaustellung von Liebe und Fürsorge« kann den männlichen Part dann oft nicht halten, sondern lässt ihn eher »das Weite suchen«, wie beispielsweise Eva Illouz unlängst konstatiert hat.[11]

Die Situation ist ein Klassiker in modernen Beziehungen und hat sich auch durch die Möglichkeit des *social freezing* nicht grundlegend entschärft: Während der männliche Part noch in jungenhaften Träumen von »Freiheit« schwelgt, hört der weibliche die biologische Uhr schon ticken. Flexibilität in Bezug auf die Familienplanung stellt sich dann rasch als etwas dar, was sich vor allem Männer *leisten* können; Frauen hingegen fühlen sich zur frühzeitigen, langfristigen Planung gezwungen.

Dies spiegelt sich in der typischen Karriereplanung der Geschlechter wider. Es sind vor allem Männer, die hinsichtlich ihrer Karriere einen Planungsverzicht, gepaart mit Risikobereitschaft und Nonchalance, an den Tag legen können.

> »Ich mag es nicht so vorausschauend. Ich gucke eher und greife zu, wenn sich ›Opportunities‹ ergeben.« *(Guido T., 34)*

> »Die Veränderung [ist] so rasant, dass es alle zwei bis drei Jahre irgendwo eine neue Chance gibt, was zu machen. Vielleicht verändere ich mich in zehn Jahren auch so komplett, dass ich dann etwas ganz anderes mache.« *(Peter S., 40)*

Um im Bild des »Arbeitskraftunternehmers« zu bleiben, ließe sich sagen: Frauen sind bezüglich ihrer Karriere weniger flexible Unternehmerinnen, was ihnen zum Nachteil gereicht. Besonders die Bereitschaft, Risiken einzugehen, ist bei Frauen erheblich geringer ausgeprägt als bei Männern – was oft Sinn ergibt, wie wir bei der Finanzkrise sehen konnten.

Die Kehrseite ist jedoch, dass Frauen eher Berufe mit geringen Verdienstrisiken bevorzugen und häufiger im öffentlichen Dienst sind: Sie bewerben sich also seltener für Jobs, die leistungsabhängig bezahlt werden und ziehen auch seltener um (Mobilität). Viele Frauen meiden den Wettbewerb, scheuen individuelle Konkurrenz und bevorzugen Teams. Aus diesem Grund verdienen sie aber auch deutlich weniger.

Klar: Das geforderte Höchstmaß an Ungebundenheit, Flexibilität und Mobilität ist mit einer Familie oft nur schwer zu vereinbaren, zumindest dann, wenn die familiäre Arbeitsaufteilung hauptsächlich zulasten der Frauen geht. Unter diesen traditionellen Bedingungen können Frauen den Ansprüchen der modernen Arbeitswelt nicht in gleichem Maße genügen, und es besteht die Gefahr, dass ihnen auch die möglichen Vorteile dieser »neuen« Arbeitsbedingungen, wie Selbstverwirklichung und Freiheitsgewinne, sinnhaftes Arbeiten und variable Karrieremöglichkeiten, entgehen.

Bei aller berechtigten Klage über die ungleich verteilten Belastungen, die immer noch aus der traditionellen familiären Arbeitsteilung resultieren, ist doch nicht zu übersehen, dass diese Geschlechterordnung zusehends porös wird. Der Wunsch von jungen Männern nach aktiver Vaterschaft und von Müttern nach aktiver Berufstätigkeit, die abgestimmte und gleichberechtigte Lebens- und Berufsplanung beider Partner oder auch die immer lauter werdende Forderung nach Work-Life-Balance und flexiblen Arbeitszeiten führen zu Entgrenzungsprozessen, also Veränderungen mit neuen Autonomiespielräumen[12] für Frauen und Männer. Die Arbeitsteilung zwischen den Geschlechtern wird neu organisiert, und Rollenstereotype werden hinterfragt. Diese Neuordnung der Geschlechterverhältnisse sollten Frauen aktiv nutzen und dabei gegebenenfalls auch solche Wege einschlagen, die nur begrenzt kalkulierbar sind.

Bereits jetzt betonen sehr erfolgreiche Managerinnen mehrheitlich, dass sie durchaus einen Umzug in Kauf nehmen würden und immer wieder neue Herausforderungen[13] suchen. Selbst »meine« Managerinnen 50 plus beklagen in den Interviews, dass sie in Routine und Langeweile verfallen, wenn ihnen keine neuen Aufgaben zugetraut werden.

Planen und verunsichern

Es geht mir nicht darum, einen guten Karriereplan zu verteufeln. Langfristige Planung kann immer hilfreich sein und Sicherheiten schaffen – solange sie mit Gelassenheit und einer gewissen Flexibilität verfolgt wird. Denn die »alten« Sicherheiten einer lebenslangen Stelle mit einer linearen Laufbahn im vertrauten Unternehmen sind in der neuen, stets sich umstrukturierenden Arbeitswelt ohnehin nicht mehr gegeben.

Hinzu kommt: Fluide Organisationen kooperieren immer häufiger auch mit externen Fachkräften. Die »Liquid Workforce«, also die auftragsorientierte und zeitbegrenzte Einstellung von Freelancern wird zunehmend als Instrument der besseren Marktanpassung gehandelt, mit dem zeitnah und passgenau auf die immer schneller sich wandelnden Marktanforderungen reagiert werden kann.

Gleichzeitig ist der Anteil der Unternehmen, die ihren eigenen MitarbeiterInnen flexible Wochenarbeitszeiten anbieten, allein zwischen 2000 und 2004 von 29 Prozent auf 40 Prozent gewachsen. Tendenz steigend. Ebenso bieten fast die Hälfte aller Unternehmen sogenannte Arbeitszeitkonten an. Kurzzeitkonten, bei denen der Ausgleich von Überstunden innerhalb eines Jahres abgegolten wird, oder Langzeit- beziehungsweise Lebensarbeitskonten, bei denen die langfristig angesparten Arbeitszeitguthaben entweder zum zeitweiligen Ausstieg aus dem Berufsleben (Sabbatical) oder zum Eintritt in den vorzeitigen Ruhestand genutzt werden können.[14]

Der hiermit verbundene Einsatz der Beschäftigten nach Bedarf kann als Befreiung, aber auch als Belastung erlebt werden. Entscheidend dürfte bei all diesen flexiblen Arbeitsbedingungen der Grad der Mitbestimmung sein, der den Beschäftigten zugestanden wird. Eine Bedingung, bei der die paradoxe Gleichzeitigkeit von restriktiven »alten« und fluiden »neuen« Zeitregimes besonders nachteilig ist und die momentan noch besonders Frauen trifft (siehe Kap. 1).

In einer dynamischen und unberechenbaren Arbeitswelt sollten Frauen vor allem eins: Klarheit über die eigenen Ziele gewinnen und eine genaue Vorstellung darüber, was sie langfristig wollen. Ihr Weg zum Ziel ist damit keineswegs vorgezeichnet, ihre Motivlage jedoch wohl. Diese sollten sie deutlich kommunizieren.

Was dabei vor allem anderen zählt, sind Selbstbewusstsein und Vertrauen in Bezug auf die eigenen Fähigkeiten. Sie sind es, die Sicherheiten schaffen und gemeinsam mit einem strategischen und achtsamen Selbstmarketing, aktiver Netzwerkarbeit und geschicktem Navigieren dazu beitragen, die eigenen Karriereziele zu erreichen. Frauen sollten sich daher vor allem auf die eigenen Stärken konzentrieren.

Natürlich kann ich meinen Neffen und Nichten, während ich mit ihnen in den Kinderbüchern blättere, dies alles nicht erklären. Dann aber denke ich an die Generation 35 plus und glaube: Im Grunde haben die jungen Führungskräfte es längst kapiert. Nichts ist mehr sicher, nichts steht mehr fest, das wenigste lässt sich heute planen, im Beruflichen wie im Privaten. Selbst Familien sind heute eher, wie es im soziologischen Sprachgebrauch reichlich gestelzt heißt, haushaltsübergreifende, multilokale Netzwerke. Aber das ist kein Anlass zur Sorge, sondern mitunter eine für Frauen befreiende Entgrenzung.

Kapitel 6

Karriere wollen!

> »Wenn ich jemand wäre, der sagt: ›Ich brauche ein stabiles Umfeld, ich gehe da jetzt rein und weiß genau, wie es in fünf Jahren da drin aussieht‹, dann, glaube ich, wäre es schwieriger, Karriere zu machen. Die Wirklichkeit ist anders, unsicherer. Ich weiß nicht, ob es zum Beispiel diese Führungsrolle in zwei Jahren noch gibt, ob dieses Setting in zwei Jahren dann noch so ist. Aber das stört mich nicht.«
> *(Guido T., 34)*

Wer über die eigene oder die Karriere eines anderen nachdenkt, dem drängt sich unweigerlich die Frage auf, was »Karriere« eigentlich bedeutet, was sich mit ihr verbindet, wohin sie führt, wie sie sich anfühlt. Vor dem inneren Auge steigen dann Bilder auf, die oft eingefärbt sind von jenen Mythen und Klischees, die unsere Kultur in subtiler und trivialer Weise durchdringen: ein gepolsterter Ledersessel mit Blick auf die Skyline, ein diskreter Chauffeur, eine attraktive Sekretärin, jede Menge Untergebene, Macht, Geld, eine glückliche Ehe, wunderbare Kinder. Solche Träume, so banal und abgeschmackt sie auch sein mögen, leiten uns, lassen uns berufliche Entscheidungen treffen und Opfer bringen.

Ich selbst muss immer wieder an folgende Filmsequenz denken: Eine Skyline kommt langsam näher, die Kamera zoomt auf ein einzelnes, großes Bürohaus. Die verspiegelten Fenster verwehren die Sicht ins Innere, wecken Ehrfurcht, signalisieren Arroganz und Exklusivität. In einen solchen Büroturm, so kommt es mir vor, führt zwangsläufig eine erfolgreiche Karriere.

Diese Inszenierung eines ersten Eindrucks blieb mir im Gedächtnis. Denn so wie Billy Wilders eingangs zitierter Film *Das Appartement* begann auch die Vorbereitung meiner Studie über Managerinnen im Alter von 50 plus: mit dem Blick nach oben, genau, dorthin, wo sich Macht zu zentrieren scheint, wo Strategien entwickelt und weitreichende Entscheidungen getroffen werden.

Ins begehrte Zentrum der Macht, in die Chefetagen der Industriewirtschaft konnte allerdings nur vordringen, wer die klassische Führungslaufbahn absolviert, das heißt, den steinigen Weg nach oben mit all seinen hierarchisch festgelegten Stufen durchlaufen hatte – vom Sachbearbeiter über den Gruppenleiter, Abteilungs-, Hauptabteilungs- und Bereichsleiter bis hin zur Geschäftsleitung. Der Einzug in die Chefetage oder in den Vorstand gelang jedoch nur dann, wenn der lineare Aufstieg von gekonnter Machtpolitik und anerkannter Mitgliedschaft in den »Old Boys Networks« flankiert wurde.

Die meisten Frauen, die in diesen Unternehmen arbeiteten, hatten eine solche Karriereoption nicht. Zwar konnten Managerinnen der Generation 50 plus vereinzelt eine beachtliche Aufstiegskarriere vorweisen. Aber spätestens unterhalb der Chefetagen wurden sie ausgebremst und am Einzug in die Machtzentrale gehindert.

Das Fazit dieser Frauen war: *No return on investment*. Ihr enormes Engagement während ihrer langjährigen Berufstätigkeit hatte sich – so die einhellige Meinung – nicht ausgezahlt. Nicht nur der Zutritt zu den Chefetagen blieb ihnen verwehrt, auch die adäquate Anerkennung ihrer großen Erfolge und anhaltenden Leistungsfähigkeit gab es nicht. Sie hatten in der Regel weniger Personalverantwortung und kleinere Budgets als ihre gleichrangigen Kollegen, keine Teilhabe an relevanten Entscheidungsprozessen – und keine *Gestaltungs*macht. Die Türen zu den Entscheidungs- und Machtzentren der Unternehmen waren und blieben verschlossen. Die massive Kränkung durch diese Missachtung ihrer Kompetenzen und Leistungsfähigkeit ging überdies einher mit langweilender Routine. Sie waren seit Jahren – im Gegensatz zum kontinuierlichen oder gar rapiden Aufstieg der Berufsjahre zuvor – nicht mehr befördert worden.

Ihre Reaktionen: Die einen kämpfen erbittert um den weiteren Aufstieg, die anderen machen nur noch Dienst nach Vorschrift – die dritten stehen kurz vor dem Ausstieg.

Allerdings – und dies ist für die Nachfolgerinnen dieser beeindruckenden Frauen wichtig – hatten die karriereorientierten Frauen der Industriewirtschaft nur *eine* Option, und an der hielten sie starr fest. Sie verfügten über keinen Plan B, der ihnen innerhalb der eigenen Unternehmenswelt eine anerkannte Alternative ohne Achtungsverlust bot oder eine existenzsichernde Selbstständigkeit ermöglichte.

Mittlerweile haben sich die Karrierekonzepte, also die Vorstellungen darüber, was »Karriere machen« bedeutet, grundlegend geändert. Nicht nur die Digitalisierung der Arbeitswelt[1] und die zunehmende Leistungsverdichtung, sondern maßgeblich auch der gesellschaftliche Wertewandel, die kontinuierliche Auflösung der alten Geschlechterordnung und die häufig abschreckenden Vorbilder der erschöpften »Elterngenerationen« (Babyboomer) haben ein Umdenken herbeigeführt.

In den jüngeren Generationen stellt sich heute ein Verständnis von »Karriere« ein, das Kategorien wie Sinn, Autonomie, Zufriedenheit, ausgeglichene Work-Life-Balance und emotionales Gleichgewicht einschließt. Diese Entwicklung lässt sich als *backlash* der sich immer weiter entgrenzenden Arbeitswelt verstehen: Das Private, so scheint es, fordert hier seinen Anteil zurück und fließt nun im Gegenzug auch in die Berufswelt ein.

»Karriere muss weder zwingend geplant werden, noch muss sie immer mit einem Aufstieg in der Unternehmenshierarchie verbunden sein« – so ließe sich grob die Einstellung »der Flexiblen« bezeichnen, die ich im letzten Kapitel vorgestellt habe.

Die konkreten Karriereschritte richten sich situativ nach den schnell wechselnden Herausforderungen der Berufswelt samt ihrer immer neuen Tätigkeitsprofile. Die permanente Anpassung an den schnelllebigen Arbeitsmarkt hat jedoch zur Folge, dass ein Großteil aller Beschäftigten grundsätzlich bereit ist, den Arbeitgeber zu wechseln. Und zwar nicht in erster Linie, um aufzusteigen, sondern zur persönlichen Weiterentwicklung aufgrund mangelnder Wertschätzung im alten Unternehmen und um mehr Geld zu verdienen.[2]

Dies geschieht nicht ganz freiwillig. Zum einen sind Jobwechsel und unterschiedliche Beschäftigungsverhältnisse in stets neuen Projektkonstellationen die Antworten auf Unternehmensstrukturen, in denen durch Hierarchieverflachung, Liquid Workforce und vernetztes Arbeiten etc. immer mehr klassische Führungspositionen eliminiert werden.

> »Wir sind ja mittlerweile ein so veralteter Laden, dass wir viel zu viele Führungskräfte haben wir sind schon bei der letzten Umstrukturierung von vierzehn Führungskräften auf sieben runter, und in der kommenden werden wir wieder zwei davon abbauen, Tendenz: weiter fallend. Wir können auch den jungen Leuten im

Prinzip fast gar keine Karriere in Aussicht stellen, also jedenfalls führungstechnisch nicht mehr, weil die Plätze alle besetzt sind. Das ist zurzeit ein Dilemma.« *(Hanna B., 34)*

Aufgrund der neuen, netzwerkartigen Arbeitsstrukturen können talentierte (Online-)Fachkräfte beziehungsweise Spezialisten jederzeit zu bestehenden Teams hinzugezogen werden – frei nach der Maxime der Liquid Workforce.

Um Leistungs- und WissensträgerInnen dennoch an sich zu binden, bieten Unternehmen alternative Anreizsysteme an, zum Beispiel in Gestalt unterschiedlicher Laufbahnmodelle. Fortan – so die Idee – kann jeder seine Karriere im Sinne einer »Mosaik-Karriere« beziehungsweise »Patchwork-Karriere« selber zusammenstellen und innerhalb des Unternehmens individuelle Achtungserfolge und mehr Gehalt erzielen.

Doch was bedeutet »Karriere machen« heute wirklich? Lässt sich eine Karriere tatsächlich individuell zusammenstellen wie ein Outfit? Schauen wir genauer hin.

Von der Pyramide zum Netz

Lange glich die Machtstruktur in Unternehmen einer Pyramide – je weiter die MitarbeiterInnen nach oben gelangten, desto dünner wurde die Luft, desto weniger Stellen waren in der entsprechenden Position zu besetzen. Desto gnadenloser war auch der Machtkampf.

Typische Merkmale der klassischen Führungslaufbahn – auch Managementlaufbahn genannt – sind die erhöhten beziehungsweise veränderten Leistungsanforderungen und die Zunahme an Autorität sowie (Budget- und Personal-)Verantwortung. Selbstverständlich steigt mit jeder neu erklommenen Stufe auch das Gehalt. Statusgewinn und Machtzuwachs, also die Möglichkeit, das Unternehmen mitzugestalten, sorgen dafür, dass die Führungslaufbahn innerhalb der Unternehmen nach wie vor die höchste Wertschätzung erfährt. Die meisten der karriereorientierten Führungskräfte wählen deshalb diese Laufbahn.

> »Es wird zwar überall behauptet, Sie können bei uns Fachkarriere, Projektleiterkarriere machen, das kann man auch. Aber wie gesagt, von der Wertigkeit, wie es im Unternehmen gesehen wird, stellen Sie nur was dar, wenn Sie Führungskarriere machen. Führungskraft ist das Oberste.« *(Carmen O., 41)*

Inzwischen hat sich die Pyramide in vielen Unternehmen in eine Art Netz verwandelt – die Hierarchien haben sich, besonders auf den mittleren Managementebenen, verflacht, die Organisationen sind fluider geworden. Zu der klassischen, rein vertikal orientierten Laufbahn sind andere, ebenso lohnenswerte Karrierewege im Sinne von Möglichkeiten der Entwicklung, der Veränderung und des Erfolgs hinzugekommen. Zahlreiche Mitglieder der Generation 35 plus haben dies bereits verstanden.

> »Ich meine, man muss sich ja nicht immer nach oben entwickeln, sondern man kann sich ja auch in die Breite entwickeln. Das kann natürlich auch eine Entwicklungsstufe sein.« *(Hanna B., 34)*

Neben der klassischen Führungslaufbahn bieten sich vor allem zwei neue Alternativen an: die Spezialisten- und die Projektlaufbahn.

Spezialistenlaufbahn

Die Spezialisten- oder Fachlaufbahn hat in den letzten Jahrzehnten auch deshalb an Bedeutung gewonnen, weil sich die moderne digitalisierte Wirtschaft permanent ausdifferenziert und weiter spezialisiert. Es existieren heute Tätigkeitsbereiche, von denen vor einigen Jahren noch niemand etwas ahnen konnte, und weitere kommen in naher Zukunft gewiss hinzu.

Das Besondere an der Spezialistenlaufbahn ist, dass die Beschäftigten nicht beliebig einsetzbar sind, sondern innerhalb ihres Bereichs als ExpertInnen gelten und aus diesem Grund eine herausgehobene Stellung einnehmen. Sie beziehen ihre Anerkennung und gegebenenfalls Macht aus ihrem exzellenten und exklusiven Fachwissen.

Spezialistenlaufbahnen finden sich insbesondere in Unternehmen, die aufgrund ihrer Branche oder ihrer Produktpalette einen hohen Bedarf an Fachwissen haben, zumeist in technisch orientierten Sparten sowie in Entwicklung und Forschung, etwa der Pharmaindustrie, in der IT-Branche oder im Bereich Marketing.[3]

Eine solche Laufbahn ist nicht zwingend mit einem Zuwachs an Personal- oder Führungsverantwortung verbunden. Den Unternehmen der Wissensökonomie geht es vielmehr darum, das unternehmerische Know-how zu sichern. Sie versuchen deshalb, ihre Spezialisten, die oft selbst gar nicht willens oder fähig sind, MitarbeiterInnen zu führen, dennoch die Möglichkeit zur beruflichen Weiterentwicklung zu bieten und durch Sonderbezeichnungen für exzellente Spezialqualifikationen sowie eigenständige Entlohnungskonzepte an sich zu binden. Da die Positionen im Stellengefüge parallel zur Linie angesiedelt sind, ist der Aufstieg in der Hierarchie des Unternehmens nur möglich, wenn ein Wechsel von der Fach- zur Führungslaufbahn vollzogen wird.

Die Spezialisten- oder Fachlaufbahn eignet sich besonders für MitarbeiterInnen mit hohem inhaltlichem Anspruch, die sich stetig weiterentwickeln wollen, ohne jedoch (mehr) Personalverantwortung und Managementaufgaben zu übernehmen.

Da diese Art der Laufbahn ausdrücklich nicht in die Etagen der Geschäftsleitung führt, damit auch nicht an Machterweiterung gekoppelt ist, besteht (gerade für Frauen) das Risiko, Achtungserfolge durch die Rolle des »fleißigen Lieschens« erlangen zu wollen.

Projektlaufbahn

Neu ist auch die Projektlaufbahn. Sie ist der fortschreitenden Projektifizierung in den Unternehmen geschuldet, das heißt der Tendenz, spezifische, einmalige Aufgaben in Arbeitsgruppen zu lösen, die nur für begrenzte Zeit zusammenkommen.

Die Projektlaufbahn lässt sich somit als eine Spezialistenlaufbahn mit Personalverantwortung begreifen.

> »Es lohnt, in Projekte zu investieren, um so Visibilität bei unserem Topmanagement zu erzielen. Im Prinzip kann man sich stets weiterentwickeln und z. B. Projektleiter werden, für immer größere Projekte.« *(Richard F., 38)*

Anders als bei der Spezialistenlaufbahn wächst bei der Projektlaufbahn auch die personelle Verantwortung. Karriere vollzieht sich hier in der Leitung von immer größeren, thematisch anspruchsvolleren und für das Unternehmen wichtigeren Projekten.

Frauen fragen sich oft, ob sie für ein spezifisches Projekt, das ihnen angetragen wird, überhaupt geeignet sind, wollen sich also fachlich-inhaltlich absichern. Oder sie meinen, ihr altes Projekt zunächst verantwortungsvoll abschließen zu müssen, bevor sie ein neues starten. Männer dagegen überlegen sich eher, inwieweit ihnen der Kontakt zu den übrigen ProjektteilnehmerInnen oder die strategische Bedeutung des Projekts fürs Unternehmen einen Zuwachs an Prestige und Status sichern kann.

Tatsächlich bietet jedes neue Projekt immer wieder wichtige Anschlussmöglichkeiten zum nächsten oder übernächsten Projekt und eröffnet Verbindungen zu relevanten Kontaktpersonen. Vor allem die erfolgreiche Leitung von Projekten mit wachsender Komplexität, Größe und Bedeutung wird mehrheitlich als Sprungbrett für Karrieren gesehen.

Projekte sind damit nicht bloß eine neue Form der Arbeitsorganisation, sondern auch ein Qualifikationsnachweis, der weitere erfolgreiche Karriereschritte ermöglichen kann.

»Diese Projektlaufbahnen werden stärker forciert in den letzten Jahren. Das ist noch eine dritte Laufbahn, die eigentlich sowohl eine fachliche Expertise – wie die klassische Fachlaufbahn – beinhaltet, aber auch das Thema ›Führung‹ auf einer fachlichen Ebene mit hineinbringt. Also noch so eine Mischform aus den beiden.« *(Christoph Sch., 37)*

»Manchmal gibt es Ankündigungen, in denen ein neuer Posten geschaffen wird [...] ein Sonderprojekt, um eine interne Umstrukturierung neu aufzusetzen. Da merkt man dann schon, aha, das ist jetzt genau für diese Person auch die Möglichkeit, sich in diesem Projekt zu beweisen, um danach vielleicht den nächsten Schritt zu machen.« *(Julian R., 36)*

»Gerade wenn es um die großen firmenweiten Projekte geht, ob das jetzt eine Integration ist oder andere Sachen, die wirklich essenziell sind. Da gehen in der Regel dann erfahrene Leute drauf, die sich vorher in kleineren Projekten bewiesen haben.« *(Marion H., 39)*

Bei Vorgesetzten steht natürlich die Leitung außergewöhnlicher Projekte, die ausgesprochen innovativ, für den Unternehmenserfolg wichtig, international relevant oder sehr schwierig sind, unter besonderer Beobachtung. Überhaupt sind Projekte ein ideales Instrument zur Bewertung von KarriereanwärterInnen und dienen als »reale Assessment-Center«[4] beziehungsweise als »Bewährungsproben«[5]

Projektarbeit bedeutet allerdings oft eine deutliche Mehrbelastung, nicht zuletzt durch den für das Projekt typischen Charakter des entgrenzten Arbeitens. Ziel ist hier nicht das Wochenende, der Feierabend oder der lange beantragte Urlaub, sondern einzig die Fertigstellung des Projekts. Sobald es darin zu Verzögerungen kommt, gilt es durchzuarbeiten, ganz gleich zu welcher Tages- oder Nachtzeit.

Ich hatte am Anfang dieses Buches gesagt: Wir gehen heute nicht mehr zu Arbeit. Wir sind schon da, wenn wir aufwachen. Darin liegt nicht nur das Risiko der Selbstausbeutung, sondern auch die Chance, den eigenen Berufsverlauf nach den persönlichen Bedürfnissen zu gestalten. Anders gesagt: Was wir sind und was wir wollen, hat heute größeren Einfluss auf unsere Arbeitswelt als je zuvor.

Den eigenen Wert als Marktwert erkennen

Die unterschiedlichen Erfahrungen der Generationen spiegeln den gesellschaftlichen Wandel wider, der heute in allen Lebens- und Berufsbereichen spürbar ist. Oft stehen »alte« und »neue« Strukturen noch parallel nebeneinander und stellen eine große Herausforderung für die Beschäftigten dar.

Und doch waren die Bedingungen zur Veränderung nie günstiger als heute: Denn die »neuen« Strukturen sind noch nicht so tief ins gesellschaftliche und berufliche Bewusstsein eingedrungen und noch nicht so verkrustet wie die »alten«. Jetzt ist für Frauen die historische Chance gegeben, den Wandel der unternehmerischen Karrierebedingungen mitzugestalten. Immer mehr (große) Unternehmen stellen heute eine transparente Personalpolitik, lebensphasenorientierte Personalentwicklung, psychometrische Tests zur Aushebelung von stereotypen Auswahlverfahren oder auch klar definierte Kriterien für Ausschreibungen zur Diskussion. Immer häufiger werden personalpolitische Instrumente wie flexible Arbeitszeiten, individuelle Elternzeitmodelle oder zum Beispiel angemessene Rückkehroptionen erprobt, die insbesondere den Frauen zugutekommen (sollen).

Noch schlagen sich freilich diese zaghaften Anstrengungen nur punktuell nieder. Zu oft werden sie von den veralteten Strukturen und verkrusteten Kulturen konterkariert. Gleichwohl ist den Unternehmensleitungen bewusst, dass es bei den Reformbemühungen nicht primär um frauenfreundliche Förderprogramme geht, sondern um Strategien, die ihr Überleben auf dem Weltmarkt auf Dauer garantieren sollen.

Darüber hinaus müssen Arbeitskraftunternehmerinnen verschiedene Bewährungsproben durchlaufen; sie müssen machtorientiert handeln und offensiv performen, um Karriere zu machen.

Viele Frauen sind dazu (noch) nicht bereit. Zudem verlangt Karriere heute den Einsatz der ganzen Person, also deren volle Verfügbarkeit. Selbst wenn sich der grenzenlose Einsatz der eigenen Arbeitskraft in einer digitalisierten Arbeitswelt durch persönliche Zeit- und Ortswahl entzerren lässt, so wird diese Option momentan noch durch den Anwesenheitskult in vielen traditionellen Unternehmen unterlaufen.

Aber: Wann, wenn nicht jetzt?

Frauen sollten den Strukturwandel nutzen und nach ihren Vorstellungen und ihrer individuellen Kreativität mitgestalten. Sie sollten sich selbstbewusst fragen: Was will ich, was kann ich, was fordere ich?

Jetzt ist es an der Zeit, sich Verbündete und Genossinnen zu suchen – jetzt ist es an der Zeit, dass Frauen die eigenen Fähigkeiten und Kompetenzen als Wert erkennen und strategisch einsetzen.

Sie können die bereits angesprochene »Aufstiegskarriere« und damit eine größere »Gestaltungsmacht« anstreben oder eine Spezialisten- oder Projektlaufbahn und damit die Vermehrung von »Verhandlungsmacht«. Eine Spezialisten- oder Projektlaufbahn bietet zum Beispiel die Chance, unternehmensintern auf der Grundlage herausragender Projekterfolge oder ausgewiesenen Expertentums höhere Forderungen bezüglich Einkommen, prestigereicher Ausstattung (etwa Autos, IT oder Personal) zu stellen und erfüllt zu bekommen. Dagegen bietet die Aufstiegskarriere die Möglichkeit, ins Management des Unternehmens zu gelangen und dort weitreichende Entscheidungskompetenzen zu erhalten, insbesondere in Bezug auf Personal und auf die strategische Ausrichtung des Unternehmens auf dem Markt; und das bedeutet auch Einfluss auf Geschlechterarrangements, Nachhaltigkeit und Sinnhaftigkeit.

Jedoch – und das belegen meine empirischen Untersuchungen – verhalten sich weibliche und männliche Mitarbeiter bei diesen Entscheidungen signifikant unterschiedlich: Während die Männer eher eine Karrierepolitik verfolgen, die auf eine Aufstiegskarriere und damit zukünftige Gestaltungsmacht zielt, neigen Frauen dazu, die Weichen in Richtung Verhandlungsmacht zu stellen. Sie schrecken davor zurück, Ideen durchzusetzen, Verbündete zu finden, eine gute Selbstdarstellung zu performen – also bewusst mikropolitische Strategien zu verfolgen, die zu einer erfolgreichen Karriere mit Gestaltungsmacht gehören.

Noch fehlt der entscheidende Impuls: die Bereitschaft, sich mit Macht anzufreunden.

Kapitel 7

Macht wagen!

> »Die fachliche Arbeit ist zweitrangig. Wenn ich mich entwickeln möchte, muss ich hierarchisch und statusmäßig denken. Kontaktpflege betreiben etc. Ich bin jahrelang – und das ist wieder typisch Frau – nach dem Motto unterwegs gewesen: Wenn ich hier gute Arbeit mache, sieht das schon einer. Pustekuchen!«
> *(Maria J., 52)*

Die widersprüchliche Beziehung von Frauen zur Macht lässt sich an kaum einem anderen Film besser ablesen und studieren als am folgenden. Dabei klingt der Plot zunächst wie eine Lobrede auf die selbstbewusste, entscheidungsstarke Frau, die ihren eigenen Weg geht:

Die junge und ein wenig biedere Universitätsabsolventin Andrea Sachs, genannt Andy, ergattert einen Job als Assistentin bei einer weltbekannten, in New York sehr mächtigen Modezeitschrift, ein Job, für den, wie es heißt, »Millionen Frauen töten« würden. Ihre Vorgesetzte, die Chefredakteurin Miranda Priestly, erweist sich jedoch als äußerst streng, um nicht zu sagen, sadistisch. Sie behandelt ihre junge Mitarbeiterin wie eine Leibeigene, hetzt sie mit unerfüllbaren Aufgaben durch die Stadt und zeigt sich emotional eiskalt. Andy arrangiert sich jedoch mit ihr, führt ehrgeizig aus, was von ihr verlangt wird, beklagt sich nie und sichert sich auf diese Weise die Anerkennung, ja, heimliche Sympathie ihrer Chefin. Obwohl sie von Mode keine Ahnung hat, gelingt es ihr, sich mit Fleiß und Durchhaltevermögen in ihren Job einzuarbeiten. Mit der Zeit verändert sie auch ihr Auftreten und ihr Erscheinungsbild: Aus einem »hässlichen Entlein« wird ein »modebewusster Schwan«. Im Job agiert sie effizienter, cleverer und professioneller als ihre KollegInnen, und sie lernt, ihre Interessen durchzusetzen. Andys Bereitschaft, zeitlich und emotional alles in ihre Karriere zu investieren, stößt in ihrem Umfeld zwar zunehmend auf Ablehnung (vor allem bei ihrem Partner), doch davon will sie sich als moderne junge Frau nicht beeinflussen lassen.

Nach einigen Entwicklungen, die Kälte, Machtbesessenheit und Einsamkeit der Chefredakteurin zutage fördern – sie opfert einen ihrer engsten Mitarbeiter, um die eigene Stellung zu verteidigen; ihre Kinder erweisen sich als verhaltensauffällig; ihr Ehemann reicht die Scheidung ein –, fasst Andy einen Entschluss: So wie die zynische, machtfixierte, stets kalt und berechnend handelnde Miranda Priestly will sie niemals werden. Sie entscheidet sich für den Ausstieg und kündigt ihre Stelle bei dem renommierten Modeblatt. Danach fühlt sie sich wie befreit, versöhnt sich mit ihrem Partner, und das Publikum darf sie, von euphorischer Musik unterlegt, als Heldin feiern, die den dunklen Verlockungen der Macht widerstanden hat.

Dank des weltweiten Erfolgs von *Der Teufel trägt Prada* sowohl als Roman (Übersetzung in Dutzende Sprachen) als auch als Film (mehrere Oscar-Nominierungen und Golden Globes) ist Miranda Priestley zum Prototyp der eleganten, machtgierigen und emotional verhärmten Chefin geworden, deren Strahlkraft noch dadurch gesteigert wird, dass sich ihre Figur auf die real existierende *Vogue*-Chefin Anna Wintour zu beziehen scheint.

Andy Sachs dagegen stieg zur Ikone einer quasi »postfeministischen« Frauenbewegung auf, die sich als weiblich und authentisch begreift. Andy wurde als eine Frau wahrgenommen, die sich nicht verbiegen lässt – auch und erst recht nicht für die Karriere.

Nüchtern betrachtet stellt Andys Verhalten freilich nichts anderes dar als eine neue Variante alter Rollenstereotype: Die junge Frau kehrt der Karriere den Rücken, aus glänzendem Aufstieg wird ernüchterter Aus- beziehungsweise Umstieg. Dieser Wechsel erfolgt jedoch nicht, weil sie eine Familie gründen will und die Vereinbarkeitsbelastungen scheut, auch nicht, weil ihr die Arbeit missfällt oder sie nicht aufsteigen will, sondern weil sie die Strategien der Macht, die sie durch ihre Chefin kennengelernt hat, entrüstet ablehnt. Zwar findet Andy nach ihrer Kündigung einen neuen Job – sie wird freie Journalistin. Ein Job, in dem es nach ihrem Verständnis allein um Inhalte und Selbstverwirklichung geht. Doch maßgeblich ist hier vor allem die vermeintlich typisch »weibliche« Vignette ihres Verhaltens: Sie entscheidet sich beruflich gegen ein strategisches, von rücksichtslosem Machtwillen geleitetes Handeln. Das Beispiel ihrer Chefin hat ihr nüchtern verdeutlicht, dass Macht Frauen entstellt – sie werden unfähig zu Empathie und Fürsorge. So will Andy nicht sein. Sie setzt auf Selbstverwirklichung und privates Glück. Den inneren Zirkeln der Macht bleibt sie mit dieser Entscheidung fern.

Macht als Gegenteil von »Weiblichkeit«?

Um kein Missverständnis aufkommen zu lassen: Es geht mir nicht um die Frage, ob Miranda Priestley (oder Anna Wintour) als Chefin vorbildlich oder gar sympathisch ist oder ob es sich lohnt, bei einer Modezeitschrift zu arbeiten. Ich möchte auch niemandem dazu raten, eine übergriffige Vorgesetzte oder einen machtbesessenen Chef zu ertragen. Es geht mir darum zu verdeutlichen, dass Negativmythen über mächtige Frauen in der Berufswelt von Massenmedien systematisch reproduziert werden[1], was dazu führt, dass viele Frauen kategorisch alles, was mit Machtstreben, Machtspielen und strategischem Handeln zu tun hat, instinktiv ablehnen.

Denn die Darstellung der mächtigen Chefredakteurin Miranda Priestley als eine sozial inkompetente Furie, die zu menschlicher Nähe nicht fähig ist – weder gegenüber ihren Mitarbeiterinnen noch ihren Kindern –, hält beharrlich die alte Behauptung aufrecht, nach der »echte Weiblichkeit« und Macht unvereinbare Gegensätze sind: Entweder verzichten Frauen auf Macht zugunsten ihrer »natürlichen« Weiblichkeit, oder sie büßen – so der aberwitzige Glaube – ihre »weiblichen« Kompetenzen wie Fürsorglichkeit, Empathie und nicht zuletzt auch Schönheit und Sex-Appeal ein. Frauen und Macht, so die eindeutige Botschaft des Films, passen nicht zusammen.

Von Tschechows *Platonow* bis zu *House of Cards* – männliche Figuren, die durch ihren Machthabitus oder ihren Zynismus interessant und deshalb für das andere Geschlecht attraktiv werden, gibt es zuhauf. Für Frauen jedoch ist schon die Berührung mit Macht gesellschaftlich stigmatisiert. Der Grund dafür liegt auf der Hand: Frauen soll der Zugang zur Macht verwehrt bleiben.

Wer dies ändern will, dem stellt sich die Frage, was genau »Macht ausüben« und »Macht haben« in der heutigen Berufswelt bedeuten. Auch lohnt es sich, darüber nachzudenken, ob die Machtstrategien der aktuellen Machtinhaber, also der überwiegend männlichen »Vorbilder«, erstrebenswert und ob diese Strategien für die Zukunft der Arbeit überhaupt noch angemessen sind. Denn wenn sich Arbeitsinhalte und Arbeitsformen ändern, wenn also Wissensarbeit transparente Kommunikation, Kooperation, Sinnhaftigkeit und Nachhaltigkeit in einer *un*hierachischen und offenen Arbeitskultur erfordert, dann müssten sich womöglich auch die Szenarien der Macht ändern.

Für einen sinnvollen Schlagabtausch sollten Frauen sich zwei zentralen Herausforderungen stellen: erkennen *und* handeln.

Erstens sollten sie die verunglimpfenden Mythen durchschauen und erkennen, dass Macht weder per se schlecht ist noch eine spezifisch männliche Eigenschaft.

In einem zweiten Schritt gilt es, diese Erkenntnis auf das eigene Handeln zu beziehen und zu lernen, strategischer, berechnender, taktischer zu handeln. Denn nur indem Frauen tatkräftig die (neuen) machtstrategischen Handlungsräume nutzen, können sie ins Geschehen eingreifen und die Arbeitswelt gemäß ihrer Interessen mitgestalten.

Macht – unweigerlich ein Thema

Wie stehe ich zum Thema Macht? Junge Frauen, die ihren ersten Job antreten, mag diese Frage überraschen. Zu Beginn ihrer Karriere besitzen sie schließlich ohnehin keine Macht. Ob sie gerne Macht haben möchten, das können sie sich, so scheint es, auch dann noch überlegen, wenn jemand sie ihnen anbietet. »Überhaupt geht es bei der Arbeit doch nicht um Macht, sondern um Inhalte.« So oder ähnlich denken viele Berufsanfängerinnen. Doch nach einigen Jahren im Unternehmen, ab einer bestimmten Hierarchieebene, spielt das schwierige Verhältnis von Macht und »Weiblichkeit« auch für sie eine entscheidende Rolle.

Es beginnt mit Kleinigkeiten, die, für sich allein genommen, nicht weiter bemerkenswert erscheinen: mit der Beobachtung, eine Frau mache »das Klima im Betrieb so viel herzlicher«; mit der harmlosen Feststellung, »Kinder würden so gut zu dir passen!«; dem lächelnden Übergehen einer Wortmeldung, als passe das, was die einzige Teilnehmer*in* im Teammeeting äußert, nicht wirklich hierher; mit dem vergifteten Kompliment, eine Projektleiterin habe »Eier bewiesen«; der lustig gemeinten Bezeichnung »der Chef« für die Vorgesetzte; mit der Andeutung, ein Mitarbeiter vom Außendienst »fand dich hinreißend«; oder auch mit dem Getuschel, aufgepasst, die Frau habe »Haare auf den Zähnen« – um nur einige Beispiele zu nennen. All diese Sätze und Gesten haben nur ein Ziel: die jeweiligen Frauen darauf hinzuweisen, dass sie in erster Linie eine Frau sind.

Was bereits im unteren und mittleren Management als erfolgreiche Strategie männlicher Machtpolitik zur Verunsicherung weiblicher Konkurrenz greift, wird im Topmanagement auf die Spitze getrieben. Hier scheinen nahezu alle Mittel recht, um Gegnerschaft auszuschalten. Die wenigen Frauen sind dabei häufig eine beliebte und scheinbar ungefährliche Zielscheibe. Allein unter Männern sind Frauen exponiert und besonders angreifbar.

> »In der ersten Führungsebene war ich bis vor einem Monat die einzige Frau. Insofern bin ich eh schon ein bisschen ein bunter Hund gewesen. Auf Gruppenleiterebene ist das auch vorgekommen, allerdings nicht mit den gleichen Ressentiments behaftet, wie ich das jetzt erlebt habe.« *(Irmgard P., 39)*

Schon Isolation und Exponiertheit können Managerinnen zermürben. Aber ein weiterer Faktor kommt hinzu: Die Mittel, mit denen Männer Erfolg haben, sind Frauen nicht erlaubt. Irmgard Schwätzer fasste ihre Erfahrungen in der männlich geprägten politischen Berufswelt 1994 mit den Worten zusammen: »Wir Frauen dürfen nichts wollen.«[2]

Den aufstiegswilligen Frauen machen in Unternehmen allerdings nicht nur die stereotypen Zuschreibungen von außen zu schaffen, denen zufolge sich Macht und »Weiblichkeit« nicht vertragen, sondern ebenso die Tatsache, dass sie diese Klischees vielfach selbst verinnerlicht haben. Macht ist für die Mehrheit der Frauen negativ konnotiert, gleichbedeutend mit Rücksichtslosigkeit, Übervorteilung, Kampf oder gar Gewalt. Sie kommen ihrerseits von der Vorstellung nicht los, Macht sei etwas grundsätzlich »Unweibliches«, etwas Unmoralisches, das ihnen oder anderen nur schaden kann.

In meiner Studie über Managerinnen im Alter von fünfzig aufwärts betrachteten sämtliche von mir interviewten Führungsfrauen »Macht« als ein äußerst heikles Thema – im Unterschied zu ihren männlichen Kollegen. Keine Einzige nahm die Macht, über die sie verfügte, als etwas Selbstverständliches wahr, alle hatten ein von kritischer Selbstreflexion geprägtes Verhältnis zur Macht; denn ihre Erfahrungen mit der männlichen Ausübung von Macht waren überwiegend negativ. In der Folge sprachen sie das Thema »Macht« oft von sich aus an und waren bereit, die Frage, ob »Macht« etwas für sie Ungewohntes, (Un-)Natürliches oder Schwieriges sei, zu erörtern. Die erfolgreichen Frauen lehnten Macht zwar nicht ab, hatten diese aber ausnahmslos als etwas Problematisches erlebt. Macht, so schien es ihnen, war nichts, das sie selbstverständlich annehmen und genießen konnten.

Körper, Stimme und Haltung

Das unterschiedliche Verhältnis der Geschlechter zur Macht zeigt sich bekanntlich schon in der Körpersprache, insbesondere auf der Ebene des Managements. Denn hier entspricht Machtgehabe oft den gängigen Klischees. Mächtige Männer strecken die Beine aus, sitzen breitbeinig, lehnen sich zurück, legen die Arme lässig über die Stuhllehne und fordern dadurch bereits physisch für ihre Person Raum ein. Frauen hingegen schlagen die Beine übereinander, »verknoten« sie unter dem Stuhl, legen die Hände in den Schoß, halten sich gerade oder nach vorn gebeugt. Oftmals sendet »weibliche« Körpersprache, durchaus unbewusst, Botschaften aus wie: »Ich bin klein«; »ich bin nicht gefährlich«; »ich weiche aus«; »ich höre lieber zu, anstatt selber zu reden«.

Dies überträgt sich auch auf ein besonderes Element der Körpersprache, das als strategisch eingesetztes Machtmittel von beiden Geschlechtern vernachlässigt wird: die Stimme.

Weibliche und männliche Führungskräfte versäumen es häufig, ihrer eigenen Stimme Bedeutung beizumessen. Wenn sie es tun, dann halten sie diese, im Unterschied zu ihrem Äußeren, für nicht optimierbar. Ich habe Frauen erlebt, die mehrjährige Führungsverantwortung vorzuweisen hatten und fließend mehrere Sprachen beherrschten, aber trotzdem so leise sprachen, als müssten sie sich für all diese Leistungen schämen. Welche Signale sie mit ihrer Stimmlage, vor allem in größeren Meetings oder auch bei Vorträgen, aussenden, war ihnen entweder gar nicht bewusst, oder sie verkannten die Wirkmächtigkeit der eigenen Stimme.

Der oft zurückhaltende, ja defensive Einsatz ihrer Körpersprache und Stimme verdeutlicht einmal mehr: Viele Frauen schrecken davor zurück, nach Macht zu streben, sie zu ergreifen und zu nutzen.

Selbst Frauen, die den Aufstieg bis nach oben geschafft haben, befinden sich in einer prekären Lage, die zumeist durch soziale Isolation und Distanz zu den inneren Machtzirkeln geprägt ist. Das Fazit der Managerinnen 50 plus lautet übereinstimmend: *No return on investment*. Die überdurchschnittlichen Investitionen, die sie in ihrem beruflichen wie privaten Leben erbracht haben, standen offenbar in keinem günstigen Verhältnis zum Gewinn. Die Folge: Sämtliche von mir befragten Managerinnen der Generation 50 plus befanden sich in einer Phase des kritischen, zweifelnden Bilanzierens.

> »Ich arbeite in einem Unternehmen, das, glaube ich, Frauen doch nicht so auf der Liste hat.« *(Hannah P., 54)*

Sie beschäftigen sich intensiv, wenn auch oft im Stillen, mit Fragen wie: »Soll ich danach streben, noch weiter aufzusteigen?« »Wie wichtig sind mir der eigene Machterhalt und die Machterweiterung?« »Muss und will ich mich selbst verleugnen?« »Wie werde ich wahrgenommen?« »Wie sehr belastet es mich, meine Kollegen als meine Konkurrenten zu betrachten?« »Inwiefern entspricht meine Tätigkeit noch dem, was ich mir ursprünglich darunter vorgestellt habe?« »Bekomme ich genug Anerkennung?«

> »Ich habe oft erlebt, dass sich Frauen ab einem gewissen Punkt Gedanken über Alternativen machen. Gerade Frauen in der Phase zwischen vierzig und fünfzig sehen mehr Facetten in ihrer Lebensplanung. Wo Männer fokussiert sind und sagen: Okay, das ist mein Beruf, und der bleibt es bis sechzig oder bis fünfundsechzig. Die sind da einfach ein bisschen enger unterwegs.« *(Regine D., 57)*

Männer stellen sich die Frage nach den Alternativen zum Karriereziel Aufstieg seltener oder gar nicht. Für sie ist das Streben nach Macht vielfach eine Selbstverständlichkeit und wird ihnen von Kindesbeinen an beigebracht. Die gesellschaftliche Erwartung an einen Mann ist klar: Er muss seine Familie ernähren können, und wenn er (hoch)qualifiziert ist, dann sollte er tunlichst auch Karriere machen. Mehr noch: Wer im Job erfolgreich ist, hat automatisch auch Macht – so die schlichte Vorstellung. Stagnation oder frühzeitiger Ausstieg aus der Karriere werden als Versagen ausgelegt. Von solch gesellschaftlichen Erwartungen sind Frauen freilich verschont, denn sie »erfüllen ihre Pflicht« bereits hinreichend, wenn sie eine gute Mutter oder liebende Ehefrau sind. Engagierte Berufsfrauen unterlaufen diese traditionellen Erwartungen, was sie zu Außenseiterinnen macht. Darüber hinaus kämpfen sie gegen die unternehmensinterne Konkurrenz – und gegen sich selbst, indem sie sich einen Aufstieg wünschen, der ohne Machtpolitik auskommt. Insbesondere die oft bemühte »Ellbogenmentalität« wird von vielen weiblichen Führungskräften missbilligt:

> »Hier ist wenig Gemeinsamkeit, dafür mehr Gegeneinander. Jeder will den anderen ausstechen, am anderen vorbeiziehen etc. Es war für mich schon erstaunlich, das so zu erleben. Man kann es so zusammenfassen: Ich, ich, ich.« *(Marion H., 39)*

Frauen kritisieren Macht, wenn sie sich offen zeigt. Gleichzeitig jedoch sind sie frustriert, wenn sie an die gläserne Decke stoßen. Die Folge ist vielfach der Ausstieg aus der Karriere.

Die Vielfalt der Macht

Was die Frauen der Generation 50 plus teilweise schmerzhaft erfahren mussten, gilt für die jungen karriereorientierten Berufseinsteigerinnen nicht minder: Ohne einen gewissen – nennen wir es trotz Nietzsches problematischer Formulierung ruhig einmal so – »Willen zur Macht« geht es nicht.

Nicht nur in großen Unternehmen und international agierenden Konzernen, die ausgeprägt hierarchisch organisiert sind, stellt Macht eine reale Größe dar und ist so allgegenwärtig wie die Luft, die wir atmen. Jede(r) Einzelne ist – eingebunden in ein Geflecht von Beziehungen, Erwartungen und Interessen – damit beschäftigt, den eigenen Handlungsspielraum zu schützen oder zu erweitern. Und daran allein ist nichts auszusetzen.

Gleichwohl werden Macht und Machtmissbrauch oft zusammengedacht. *Wer nach Macht strebt, kann kein durch und durch guter Mensch sein. Wer Macht hat, wird sie irgendwann missbrauchen.* So lauten klassische Glaubenssätze. Und das ist kein Wunder, schließlich sind Machtkämpfe stets Auseinandersetzungen mit Gewinnern und Verlierern. Hinzu kommt, dass Macht heute immer seltener durch *Leistung* legitimiert wird, sondern – wie der Soziologe Sighard Neckel aufgezeigt hat[3] – durch den Faktor *Erfolg*. Erfolg wiederum wird festgemacht an der Höhe des Gehalts und an Statussymbolen wie Firmenwagen, Designeranzügen oder Uhren im Wert des Jahresgehalts eines durchschnittlichen Angestellten. Wie dieser Erfolg zustande kam, ob er verdient oder unverdient ist, ob er allein einer Person zugeschrieben werden muss oder ob diese sich vor allem geschickt zu verkaufen wusste, ist dabei zweitrangig. Überspitzt ließe sich sagen: Entscheidend für den Aufstieg zur Macht ist, von anderen für erfolgreich gehalten zu werden.

Das mag bedauerlich sein, weil es ohne Zweifel auch eine Frage »überzeugender« Performance ist (siehe Kap. 3). Dennoch ist das schlechte Image von Macht dadurch nicht zu rechtfertigen. Denn nicht das Streben nach Macht ist zu verurteilen, sondern nur der unverantwortliche Umgang mit Macht, der Machtmissbrauch. Wer in einem Unternehmen aufsteigen möchte, wird nicht darum herumkommen, Machtpolitik zu betreiben. In gewisser Weise wird dies sogar erwartet. Die Frage ist daher nicht, ob Beschäftigte nach Macht streben, sondern, wie sie es tun:

> »Manche Menschen setzen bei jeder E-Mail grundsätzlich ihren Vorgesetzten CC, damit der Vorgesetzte sieht, dass und wann gearbeitet wird. Und es gibt auch die Unart, sich Lesebestätigungen einzuholen, um zu sehen, wann hat er es gelesen oder wann hat er es gelöscht. Auch so kann man sich profilieren, wenn man möchte. Oder sich unbeliebt machen.« *(Judith K., 43)*

Demgegenüber – und genau darin besteht die Chance für Frauen – bedeutet Machtpolitik in der Wissensökonomie nicht zwangsläufig das Ausfahren der Ellbogen. Die Möglichkeiten und Techniken, Macht zu erlangen und Einfluss auszuüben, hängen immer auch von der jeweiligen Unternehmenskultur und der Strenge oder Durchlässigkeit der Hierarchien ab. Zahlreiche Unternehmen sind bereits heute fluide, netzwerkartige Organisationen mit verflachten Hierarchien und einer diskursiven Kommunikationskultur. Rigide Befehlsketten, lineare Karrieremodelle und hermetische Aufgabenbereiche, das heißt die klassischen Kampfzonen der Macht, werden immer öfter durch offene Strukturen und diskursive Unternehmenskulturen ersetzt oder ergänzt, in denen Ellbogenmentalität weder gewünscht noch förderlich ist. So wird beispielsweise die Projektarbeit dazu genutzt, abteilungsübergreifend und ohne direkte Anbindung an formale

Hierarchien zu arbeiten. Auch die Gesprächskultur in den Unternehmen hat sich diesbezüglich in erfreulicher Weise an vielen Stellen gewandelt.

Noch allerdings gehört der traditionelle Interessengegensatz von leitendem Management und Mitarbeitenden – ihr da oben, wir hier unten – in vielen Unternehmen zum Alltagsgeschäft. Insbesondere der für jede Machtpolitik wesentliche Zugang zu Informationen ist in Unternehmen stark durch Hierarchien und Kontrolle geprägt, er ist maßgeblich durch die Position im Stellengefüge bestimmt.

In einer netzwerkartigen Arbeitswelt hingegen, in der sich je nach Problemstellung oder Kundenwunsch neue Personalkonstellationen in Projektgruppen bilden, ist die traditionelle Rollenverteilung im Prinzip obsolet. Die Projektteams, die sich aus verschiedenen Organisationen oder Einheiten zusammensetzen, organisieren sich im besten Fall selbst, und die altbewährten Organisationsmuster mit festen Vorgesetzten werden durch wechselnde »Chefumgebungen« abgelöst. Anstelle der klassischen Befehlsempfänger sind immer öfter autonom handelnde, aktive und zuverlässige KooperationspartnerInnen gefragt. Ein solch unbekanntes Terrain erfordert selbstredend ein hohes Maß an Achtsamkeit, Flexibilität und Einfühlungsvermögen für wechselnde Herausforderungen und KooperationspartnerInnen – also klassische, »weiblich« konnotierte Soft Skills und Haltungen.

In diesen projektmäßig organisierten Arbeitsprozessen bedeutet Machtstreben gerade nicht, die Ellbogen auszufahren und emotional abzukühlen. In der Wissensökonomie ist Macht eng mit dem Besitz von Wissen, Informationen und Kontakten verknüpft. Wer welche Expertise hat; welche Kompetenzen für eine komplexe Problemlösung benötigt werden; wer im eigenen oder fremden Netzwerk über notwendiges Know-how verfügt oder Best Practices beisteuern kann; wer jeweils das Sagen hat; wer mit wem redet; wer wem eine E-Mail schreibt; wer wen in CC oder BCC setzt; wer von welchem Chef auch die Handynummer besitzt und ihm per SMS zum Geburtstag gratuliert; wer mit wem ins Fitnessstudio geht und inoffiziell erfährt, in wessen Abteilung bald eine Stelle frei wird; wer bereits plant, das Unternehmen zu verlassen; wer welches Team wie zusammenstellen wird; wer wen zum Essen oder auf die richtigen Partys einlädt; wer wem noch einen Gefallen schuldig ist; wer sich mit wem gegen wen verbündet – all diese Informationen können Trümpfe sein, Chancen, das eigene Handlungsfeld zu erweitern und die Sichtbarkeit zu erhöhen.

Hiermit wendet sich das Blatt und beleuchtet einen Aspekt von Macht, der für Frauen von zentraler Bedeutung ist. Die Generierung von Wissen, die Entwicklung von kundenspezifischen Lösungsstrategien und die nachgefragten Kompetenzportfolios sind immer stärker mit den Individuen verknüpft. Netzwerkartige Organisationen können nicht mehr vorrangig auf standardisierte Produktionsabläufe und entsprechend erlernbare Qualifikationen setzen, sondern sind angewiesen auf die Förderung und Entwicklung der persönlichen Kompetenzen ihrer MitarbeiterInnen. Sie sind das wahre Kapital eines Unternehmens in der Wissensökonomie.

Von entscheidender Bedeutung für die berufliche Weiterentwicklung, ob Aufstieg oder Seitwärtsbewegung, ist es daher, das eigene Wissen und das persönliche Kompetenzprofil als *Wert* zu erkennen und *strategisch* einzusetzen. Insbesondere die Kommunikationsfähigkeit, die bekanntlich als »typisch weibliche« Kompetenz gilt, wird vor diesem Hintergrund zu einem zentralen Machtfaktor.

Macht durch Kommunikation

Macht wird, wie wir gesehen haben, in der Wissensökonomie nicht mehr nur über den formalen, kontrollierten Dienstweg ausgeübt. In einem Arbeitsumfeld, in dem es vor allem auf immaterielle Produkte und Dienstleistungen ankommt, die im Team erdacht und konzipiert werden, ist ein offener, maximal transparenter Austausch von Informationen enorm wichtig. Auch beschränkt sich die Kommunikation in einer Projektgruppe natürlich nicht allein auf den fachlichen Bereich. Vielmehr tritt dort, wo Menschen aufeinanderstoßen und miteinander kooperieren müssen, immer der persönliche Faktor in den Vordergrund. Allianzen werden gebildet, persönliche Bindungen aufgebaut, Vertrauensbeziehungen geschaffen und wichtige Informationen nicht nur in offiziellen Meetings, sondern gerade auch bei inoffiziellen Zusammenkünften in der Teeküche ausgetauscht.

Dies führt dazu, dass sich die persönlichen Spielräume für strategische, machtorientierte Handlungsweisen erweitern. Es entstehen Möglichkeitsräume, die vom Unternehmen nicht kontrolliert werden können, in denen nicht festgeschrieben ist, welches das angemessene, erwünschte oder traditionell vorgeschriebene Verhalten wäre; dies gilt ebenso für Zweiermeetings, Teambesprechungen und Absprachen mit Vorgesetzten wie für den informellen Austausch in der Teeküche, im Fahrstuhl, im Flur, vor dem Spiegel im Bad, beim gemeinsamen Gang zum Parkplatz oder auf der entsprechenden After-Work-Party. Das Agieren in all diesen Zonen wird oft als Stress erlebt, bietet gleichzeitig jedoch eine Fülle von Chancen. Denn ebenjene »Unsicherheitszonen«[4] – wie die Organisationsforscher Michel Crozier und Erhard Friedberg diese Handlungsräume nennen – können dazu genutzt werden, das zu betreiben, was Mikropolitik bezeichnet: Beziehungen aufbauen, Netzwerke knüpfen, Allianzen bilden, sich in Position bringen. Und das sollten sie auch, denn viele Manager räumen ein:

»Achtzig Prozent meiner Tätigkeit dienen Machterhalt und Machterweiterung.« *(Günther V., 57)*

Diese jeweiligen Handlungs*spielräume*, über die eine Mitarbeiterin in der Wissensökonomie in zunehmendem Maß verfügt, sind deshalb »Unsicherheitszonen« im täglichen Getriebe, weil sich die Aktionen und Reaktionen anderer in ihnen nie hundertprozentig voraussagen und kontrollieren lassen – es sind jene Situationen im Unternehmensalltag, die nicht formell geregelt sind. Beispielsweise kann ein Computerspezialist die Arbeit an einem Projekt stark verzögern und übt dadurch Macht aus, die er formell gar nicht hat, die ihm aber zugestanden werden muss – weil er der Einzige ist, der ein bestimmtes Produkt durchschaut. Unsicherheitszonen gleichen den Feldern eines Schachspiels. Um zu gewinnen, muss das zukünftige Handeln einer Vielzahl von Personen (und nicht nur des Vorgesetzten oder direkten Konkurrenten) als Möglichkeit berücksichtigt werden. Sicher ist: Je größer der unkontrollierbare Raum einer Person (beispielsweise des IT-Experten), desto unentbehrlicher ist diese Person für das Unternehmen.[5]

Nun kommen gerade in Projekten häufig Angehörige verschiedener Bereiche und Expertisen zusammen. Durch geschicktes Kommunikationsverhalten und gute Performance bieten sich hier also Möglichkeiten, Sichtbarkeit nach oben zu schaffen und über Hierarchieebenen und Organisationsgrenzen hinweg Kontakte aufzubauen und die eigene Macht zu erweitern.

»Letztendlich muss man kooperieren, das geht nicht anders, sonst kommt man nicht ans Ziel. Man kann nicht alleine einen

Baum fällen, dazu braucht man nun mal andere, und das ist, glaube ich, jedem eingängig hier, und deswegen kooperiert man auch.« *(Gudrun Z., 44)*

Daraus resultiert, dass der Anteil an vermeintlich nicht sachbezogenen Tätigkeiten im Job ständig zunimmt. Für die Beschäftigten ist es heute bereits auf den unteren Ebenen der Unternehmenshierarchie notwendig, sich mit klassischen Managementaufgaben zu befassen: Kommunikation, Koordination, Organisation. Die Inflation der Berufsbezeichnung »Manager« (Sales Manager, Service Manager bis hin zum Gebäudemanager – einer einfachen Putzkraft) – bildet diese Entwicklung ab.

In der fordistisch-bürokratischen Arbeitswelt gehörte der »Manager«, der übergreifend, strategisch, unternehmenspolitisch und eben nicht operativ handelte, zu den Chefs, den sogenannten Kopfarbeitern, die buchstäblich ein paar Etagen weiter oben residierten und mit deren Selbstverständnis und Wirklichkeit die Beschäftigten nur dann in Berührung kamen, wenn sie in diese Etagen aufstiegen. Heute spricht kaum noch jemand von seiner Arbeit, Freizeit oder Familie, ohne dabei auf den längst eingedeutschten Neologismus »managen« zurückzugreifen. Wir sind »Manager« unseres Lebens, wenn wir unsere allgemeinen Stärken und Schwächen strategisch analysieren; »Manager« unserer Beziehungen, wenn wir emotionalen Aufwand und Nutzen gegeneinander abwägen oder uns auf der Suche nach einem Partner im Internet möglichst »breit aufstellen«; und manchmal sogar »Manager« unserer Neurochemie, wenn wir unsere Leistungsfähigkeit in größter Not mit Medikamenten boosten oder uns eingestehen, wir bekämen die Sache »psychisch einfach nicht mehr auf die Reihe«. Nicht von ungefähr wird den Beschäftigten heute empfohlen, sich als Arbeitskraftunternehmer zu begreifen, als »Manager« ihrer eigenen Kompetenzen, sich also ständig zu optimieren und zu ökonomisieren.

Die Unsicherheitszonen und damit der Bedarf, sie zu »managen«, haben deutlich zugenommen; auch deshalb kommen BerufseinsteigerInnen und jüngere Führungskräfte an dem Thema Macht heute nicht mehr vorbei. Dies eröffnet Chancen, setzt aber auch eine klare Haltung zum Thema Machtpolitik voraus. Denn ein Manager, der Entscheidungen vorzubereiten, zu treffen und umzusetzen hat, gleichzeitig aber vor Macht zurückschreckt, wird erfolglos bleiben.

Der allgemeinen Vorstellung von Macht in einem Unternehmen haftet häufig etwas Martialisches an. Unternehmen erscheinen wie Arenen, in denen die Akteure, bewaffnet mit Wissen und Fähigkeiten, um das eigene Überleben, das heißt um die eigene Karriere, kämpfen. Doch dieses Bild ist in vielerlei Hinsicht irreführend und schief. Machtausübung muss, wie wir gesehen haben, nicht grobschlächtig oder kriegerisch sein. Außerdem gibt es in einer projektifizierten Arbeitswelt nicht mehr den *einen* Chef, vor dem die Beschäftigten bestehen müssen und von dessen gehobenem oder gesenktem Daumen sie abhängen. Beschäftigte sind zunehmend in *Chefumgebungen* eingebettet; neben dem unmittelbaren Vorgesetzten gibt es diverse ProjektleiterInnen, bei denen sie sich gleichermaßen bewähren müssen. Sie arbeiten also nicht einzig an einem Ort oder treten gegen eine vorher definierbare Anzahl von »konkurrierenden« Kollegen an. Wissensarbeit findet entgrenzt statt, also an verschiedenen Orten und mit unterschiedlichen Personen, längst nicht nur in der Abteilung und in den stets neuen Projekten, sondern genauso beim Sektumtrunk zur Gratulation nach der Mittagspause oder beim Squash mit den KollegInnen.

Mikropolitik ist »mikroskopische« Politik – Machtausübung im Kleinen, manchmal kaum Sichtbaren. Erfolgreiche Mikropolitik benötigt Fingerspitzengefühl. Stets müssen das Ziel des Unternehmens und das persönliche Ziel unter einen Hut gebracht werden. Es muss demnach zwischen Kooperations- und Konkurrenzverhalten abgewogen werden.

Hier zeigen sich nach wie vor große Unterschiede bei den Geschlechtern. Bei meinen Studien setzen die meisten von mir befragten Frauen – wie ich bereits in Kapitel 3 erläutert habe – auf *Kooperation*, Männer hingegen auch auf *Konkurrenz*. Ein Stichwort, das ihnen keineswegs peinlich ist, sondern nüchtern ihre Ambitionen dokumentiert: Karriere zu machen.

Männer wissen: In Wirtschaftsunternehmen herrscht die *Logik der Ungleichheit*, mit anderen Worten: Der Bessere wird befördert. Die vermeintlich Besseren aber sind nicht diejenigen, die eifriger arbeiten und mehr Leistung bringen, sondern diejenigen, die sichtbarer sind. Nur mit Fleiß allein ist es schwierig, sich aus der Masse hervorzuheben. Wenn aber das eigene Kompetenzprofil insgesamt als Wert erkannt wird, dann lässt sich dieser Wert bei den Vorgesetzten gezielt ins Spiel bringen und KonkurrentInnen gegenüber als Vorteil verbuchen.

Wer ausschließlich kooperiert, ist in der Masse der Beschäftigten eines großen Unternehmens kaum sichtbar. Es gilt aber auch: Wer zu offensichtlich auf Konkurrenz und eigene Vorteile setzt, macht sich unbeliebt und gilt als illoyal.

> »Es ist sehr stark eine stilistische Frage. Man kann Ellbogen ausfahren, auch rhetorisch geschickt. Man kann es aber auch durch Schreien machen. Da ist die rhetorisch geschickte Variante die bessere. Sehr wichtig sind Ruhe und Sachlichkeit.« *(Helga G., 42)*

Unternehmen bilden eine Art »Kräftefeld«, in dem es überall und zu jeder Zeit um das große Ganze, aber eben immer auch um individuelle Machtinteressen geht. Mikropolitisches Handeln wird nicht bloß von denjenigen eingesetzt, die ihre Karriere vorantreiben wollen. Vielmehr findet permanent eine »alltägliche Machtausübung« statt, die jeder und jede Beschäftigte betreibt, um eigene, vielleicht auch karriereferne, Wünsche und Interessen zu verfolgen. All dies ist Mikropolitik.

In meinen Studien zeigt sich jedoch: Frauen sind weniger bereit, Mikropolitik zu betreiben, und weigern sich häufig bewusst, die eigene Arbeit unter machtpolitischen Aspekten zu betrachten. Pointiert gesagt: Frauen suchen Sinnhaftigkeit, Männer streben nach Macht und Geld.

Auch in einer 2014 von Forsa durchgeführten Studie bekundeten Frauen im Vergleich zu Männern ein geringeres Interesse an Jobs, die leistungsabhängig bezahlt werden. Für jede zweite zu ihrem Berufswunsch befragte Frau stand bei der Berufswahl eine sinnvolle Tätigkeit im Vordergrund, für die Hälfte der Männer das Gehalt.[6]

Ein ähnliches Muster trat zutage, als ich männliche und weibliche Neueinsteiger danach befragte, worauf sie in den ersten Wochen ihrer Einarbeitung besonders geachtet haben. Es zeigte sich, dass Frauen beim Stellenantritt vor allem eine Priorität verfolgen: Sie wollen sich möglichst schnell einarbeiten. Sie wollen zeigen, dass sie den Anforderungen genügen und ihre Qualitäten möglichst schnell unter Beweis stellen. Die Männer hingegen interessieren sich vor allem für die Machtstrukturen im Unternehmen. Sie eruieren zunächst, wer in der Firma das Sagen hat, sondieren, wer die Fäden in der Hand hält, wie strategisch wichtige Netzwerke aufgebaut sind und wo sich relevante Entscheidungszentren befinden.

Dieses unterschiedliche mikropolitische Verhalten setzt sich fort bis in die höchsten Kreise, bis in den »Inner Circle«, wobei Machtpolitik nun auch dazu dient, die eigene Position zu verteidigen und zu festigen. Kai-Uwe Ricke, ehemaliger Vorstandsvorsitzender der Deutschen Telekom, gibt offen zu: »Als Vorstandschef ist man allem Möglichen ausgesetzt. Da muss man sich einen Mantel schneidern, damit einem die Dinge nicht so unter die Haut gehen. Man muss versuchen, seine Emotionen außen vor zu lassen, aber ohne dass das Umfeld es merkt. Denn das Umfeld will Führung, will reinkriechen in einen, will Dinge abladen.«[7]

Ebendiese pseudoheroischen Rituale der Überlegenheit und die emotionale Panzerung sind es, die von Frauen abgelehnt werden. Oft entscheiden sie, ganz ähnlich wie die junge Assistentin in *Der Teufel trägt Prada,* dass sie damit nichts zu tun haben wollen. Viele hochqualifizierte und hochmotivierte Frauen bewerben sich gar nicht erst auf eine Topposition. Sie lassen sich abschrecken vom Machtgestus der Männer, den sie vor allem als Statuskampf unter Platzhirschen begreifen. Ein Teufelskreis, der unwiderruflich eine Stärkung der männerdominierten Kultur zur Folge hat.

Machtspiele und gemeinsames Handeln

Das machtpolitische Verhalten der Männer wird von Frauen oft abwertend als »Machtspielchen« bezeichnet, als eine Art vorpubertäre, egoistische Praxis ohne Sinn und Verstand. Dabei liegt gerade in diesem Ausdruck durchaus ein tieferer Sinn: die Fähigkeit nämlich, das eigene Handeln als Spiel im Sinne eines Wettkampfes zu begreifen. Sie erlaubt es den Machtmenschen, ihr Handeln moralisch nicht hinterfragen zu müssen.

Aus der Freizeitforschung wissen wir, dass Jungen vornehmlich Mannschaftssportarten betreiben. Hier üben Männer den Wettkampfgedanken von früh auf: Gleich nach dem Anpfiff des Spiels geht es mit harten Bandagen und allen Tricks zur Sache, auch dann, wenn in der gegnerischen Mannschaft einer der besten Freunde spielt. Doch egal, wie hart die Jungs gegeneinander kämpfen, mit dem Abpfiff ist das Spiel vorbei – wer eben noch Gegner war, kann jetzt freundschaftlich miteinander ein Cola trinken. Routinierte Machtspieler wissen, dass es sich nicht lohnt, wegen eines Ballspiels beleidigt oder persönlich getroffen zu sein. Jeder, der eben noch Gegner war, kann im nächsten Moment schon wieder ein nützlicher Alliierter sein.

Mädchen hingegen pflegen in ihrer freien Zeit eher verbindliche persönliche Beziehungen. Sie treffen ihre besten Freundinnen, denen sie besonders vertrauen und mit denen sie ihre intimsten Gedanken austauschen. Sie sind enttäuscht, wenn »ihre« beste Freundin sich (auch) anderen zuwendet und den Grad der exklusiven Verbundenheit aufweicht.

Wie bei Männern wirken auch bei Frauen die Sozialisationsmuster aus Kindheit und Jugend bis ins Erwachsenenalter. So wie Männer im Beruf Konkurrenz zu und Solidarität mit den Kollegen problemlos miteinander vereinbaren können, so verwechseln wiederum Frauen ihre Kolleginnen oftmals mit Freundinnen und nehmen Konkurrenz eher persönlich. Dies führt dazu, dass sie den kleinen Demütigungen, die eine aktive Macht- und Mikropolitik mit sich bringen kann, eine mitunter unangemessen große Bedeutung verleihen – im Gegensatz zu den Männern: »Man darf die anderen, man darf nichts übertrieben ernst nehmen«[8], schlussfolgert der bereits zitierte Kai-Uwe Ricke.

Was für Mannschaftsspiele gilt, könnte auch für die Machtspiele gelten: Nur wer mitspielt, kann das Spiel auch gewinnen.

Nach meinem Verständnis ist Macht notwendig, um Einfluss zu nehmen, Dinge zu initiieren und voranzutreiben. Nur wer Macht hat, kann Neues gestalten und Veränderungen herbeiführen. In diesem Sinne ist Macht ein positiver Faktor. Zur Machtausübung gehört aber auch, Verantwortung für die getroffenen Entscheidungen und die betroffenen Menschen zu übernehmen. Dies sind Frauen seit jeher gewöhnt. Ihnen wird traditionsgemäß die Verantwortung für ihr soziales Umfeld übertragen – seien es Kinder, alternde Eltern oder auch Freunde und Kollegen – und damit Einfluss, sprich Macht. Dennoch werden sie im Berufsleben aufgrund von Geschlechterklischees und -mythen von den Machtzentralen ferngehalten.

Diesen Verhältnissen sind Frauen – und das ist die gute Nachricht – jedoch nicht *machtlos* ausgeliefert. Sie können sogar mit den genannten Klischees spielen. Die Soziologin Daniela Rastetter fordert Frauen geradezu auf, die Wirkung von Geschlechterstereotypen zu nutzen, also »selbstbestimmt« und zum eigenen Vorteil »Taktiken einzusetzen und in verschiedene Rollen zu schlüpfen«[9], mithin die ihnen angebotenen, klischeebeladenen Rollen wie »Mutter«, »Mädchen«, »Verführerin« oder »Amazone« zu erkennen und sich ihrer gezielt zu bedienen.[10] Machterhalt und Machtausübung erfordern also – so viel zumindest können wir festhalten – von Frauen mikropolitisches, das heißt taktisches Vorgehen und strategische Kompetenzen.

Es lohnt sich, in diesem Zusammenhang außerdem an den Machtbegriff von Hannah Arendt zu erinnern, die sich bereits in den 1950er Jahren in einem männerdominierten Feld wie der Philosophie durchgesetzt hat. Sie bezeichnet Macht – für unser Alltagsverständnis erstaunlich und ungewohnt – schlicht als eine Form des gemeinsamen, interesselosen Redens und Handelns.[11] Macht ist für sie nicht Gewalt, sondern die Fähigkeit zu überzeugen. Ihr zufolge wird Macht wirksam, wenn Menschen miteinander Politik betreiben. Dabei geht es weniger um die Durchsetzung von Interessen oder den Kampf gegeneinander als vielmehr um *gemeinsame Gestaltung*.

In diesem Sinne sind die Möglichkeiten, nach Macht zu streben, in den Unternehmen der Wissensökonomie größer und individueller geworden; denn nie war der Bedarf an gemeinsamer, nachhaltiger und innovativer Gestaltung größer als heute. Dabei sind es nicht selten klassisch »weibliche« Verhaltensweisen, die machtpolitisch zum Erfolg führen. Das Arsenal der alltäglichen »Mikrotechniken«[12], wie sie Oswald Neuberger nennt, umfasst strategische Kommunikation, Interessensausgleich, geschickte Einflussnahme, Begeistern oder sogar Einschmeicheln. All dies sind Kompetenzen, die viele Frauen aufgrund ihrer Erziehung mitbringen. Traditionelle, »männlich« konnotierte Machstrategien wie Drohen, Druck ausüben oder Sanktionieren sind dagegen auf dem Rückzug. Frauen können sich dies nicht oft genug in Erinnerung rufen. Denn von der traditionellen Vorstellung, dass Macht und »Weiblichkeit« einander ausschließen, profitieren in erster Linie die Männer in den Vorstandsetagen.

In Gesprächen mit heute etwa fünfunddreißigjährigen, aufstiegswilligen Frauen habe ich denn auch vermehrt eine erfrischende Haltung erlebt: Moderne Frauen wollen durchaus Macht haben, aber nicht als Selbstzweck, sondern um genau jene Strukturen zu ändern, unter denen die Generationen vor ihnen gelitten haben. Um neue Ideen durchzusetzen, um FürsprecherInnen für Projekte zu finden, um Einfluss auf die Entwicklung der Arbeitswelt im Sinne der Frauen zu nehmen; dafür brauchen sie, das ist ihnen durchaus bewusst: Macht. Bleibt zu hoffen, dass sich diese aufstiegswilligen Frauen nicht vom Zerrbild einer vorgehaltenen Miranda Priestly abschrecken lassen.

Denn wie sie schließlich als Chefinnen agieren, ob eiskalt, berechnend, einfühlsam oder nüchtern abwägend, das entscheiden sie selbst.

Glossar

Anwesenheit
Konzept der »alten« Arbeitswelt, dem zufolge bereits die bloße Präsenz am Arbeitsplatz als Indiz für Leistung gilt und einen hohen Stellenwert besitzt. Aufgrund von Digitalisierung, →**Entgrenzung**, verstärkter Mobilität und permanenter Erreichbarkeit ist die physische Präsenz am Arbeitsplatz jedoch immer seltener notwendig. Nichtsdestotrotz werden Leistungsfähigkeit, Einsatzbereitschaft und Karrierewillen nach wie vor mit Anwesenheit assoziiert. In diesem Zusammenhang wird häufig vom »Mythos der Anwesenheit« gesprochen – sehr zum Nachteil von Frauen mit Fürsorgepflichten und einem ganzheitlichem Lebensentwurf.

Ausstieg
(Karriere-)Option, die Managerinnen 50 plus, aber auch jüngere Führungsfrauen wählen, um die Mechanismen der **Gläsernen Decke** (→**Decke, Gläserne**) auszuhebeln. Die älteren Führungskräfte steigen aus, weil ihnen der Einzug in die Chefetagen verwehrt wird. Sie stecken in Positionen fest, die ihr Bedürfnis nach sinnhafter Arbeit nicht mehr erfüllen. Durch die jahrelange Konfrontation mit der männlich dominierten Berufswelt sind sie frustriert und resigniert. Den Saldo ihrer Karriere fassen sie mit den Worten zusammen: »No return on investment.« In Amerika lässt sich unter dem Titel der »Opt-out Revolution« eine ähnliche Ent-

wicklung beobachten. Die jüngeren Führungsfrauen haben andere Gründe: Sie planen den Ausstieg aus großen Unternehmen, weil sie hoffen, in kleinen und mittleren Firmen bessere Chancen auf eine Führungslaufbahn bis in die Chefetagen zu haben.

Bewährungsprobe

Ereignisse, bei denen es »um die Wurst« geht, seien es kurze Präsentationen im Projekt, Beiträge in Meetings, zufällige Begegnungen mit Vorgesetzten oder professionelle Intranetauftritte. Durch die Entgrenzung der Arbeit sind konkrete Face-to-face-Begegnungen mit den Chefs oder anderen karriererelevanten Vorgesetzten immer seltener. Deshalb ist es notwendig, jede verfügbare, strategisch wichtige Situation kommunikativ »auf den Punkt« zu bringen und überzeugend und authentisch zu performen – sich also für eine Beförderung zu empfehlen. Bewährungsproben sind immer Kraftproben, bei denen die eigenen Stärken und Fähigkeiten in Konkurrenz mit anderen zum Einsatz gebracht werden.

Board- & Bedroom

Am 5. März 2015 erschien in der *New York Times* ein Artikel mit dem Titel: »How men can succeed in the boardroom and the bedroom.« Unter »Boardroom« lässt sich in etwa die deutsche Vorstandsetage verstehen, der Begriff kann sich jedoch auch insgesamt auf die Geschäftswelt beziehen. →**Mixed Leadership**, so die These des Artikels, habe nicht nur enorme Vorteile für die Unternehmen, sondern sei auch der beste Weg, eine private Beziehung zu führen. Die AutorInnen sind Sheryl Sandberg und Adam Grant. Sie verwiesen auf Studien, denen zufolge Paare, in denen sich der männliche Part an der Hausarbeit beteiligt, auch sexuell aktiver sind. Bei näherer Betrachtung erweist sich die Datenlage[1], von der die Autoren ausgehen, zwar als äußerst dünn und wurde in nachfolgenden Studien, die zwischen traditionell männlicher (wie »den Rasen mähen«) und traditionell weiblicher (wie »Wäsche waschen«) Hausarbeit unterschieden, auch widerlegt.[2] Interessant ist jedoch die Art und Weise der Argumentation. Mehr Frauen in Vorstandsetagen und Führungspositionen sind ein →**Win-Win-Projekt** für alle.

Darstellung und Inhalt

Der kleine, aber feine Unterschied zwischen dem *Was* und dem *Wie*, also dem Inhalt und der Form der Präsentation. Im Zeitalter der Wissensökonomie kann der Stellenwert dieser Unterscheidung kaum überschätzt werden. (Experten-)Wissen und Kompetenzen wie Kreativität, Teamfähigkeit oder auch Kommunikationsstärke sind an Personen gebunden, nicht an Maschinen oder Produkte. Erst durch gelungene Darstellungen werden sie erkennbar. Jetzt lassen sich Distinktionsgewinne erzielen (»Ich bin besser als die anderen.«) und Beweise für die eigene Leistungsfähigkeit liefern. Dieses sogenannte »Impression Management« erweist sich vor allem für männliche Beschäftigte als vorteilhaft, da sie schon im Kindesalter gelernt haben, sich offensiv in Szene zu setzen. Weibliche Beschäftigte setzen hingegen häufiger auf Inhalte, mit der Gefahr, nur als **Fleißiges Lieschen** (→**Lieschen, Fleißiges**) wahrgenommen zu werden.

Decke, Gläserne

Ein Hemmnis, das – wie die Metapher schon zu verstehen gibt – unsichtbar und gerade deshalb sehr effizient ist. Häufig können Frauen keinen konkreten Grund benennen, warum ihnen der nächste Schritt auf der Karriereleiter verwehrt bleibt und sie allenfalls bis ins mittlere Management aufsteigen. Erstaunt und irritiert müssen sie beobachten, dass männliche Kollegen auf dem Weg nach oben beziehungsweise in die Chefetagen erfolgreicher sind, ohne jedoch bessere Leistungen oder mehr Engagement vorzuweisen.

Durchhalten

Lohnt sich, obschon die »alten« Organisationsstrukturen noch immer wirksam sind und Frauen am Karriereerfolg bis ins Topmanagement hindern. Doch der radikale Wandel der Weltwirtschaft schafft Bedingungen, unter denen die Karten neu gemischt werden. Dieser frische Wind der Wirtschaftsgeschichte allein reicht allerdings nicht aus, um die Verhältnisse für Frauen entscheidend zu verbessern. Sie selbst müssen aktiv dazu beitragen, um dem Wandel die richtige Form zu geben. Das geht nicht auf einen Schlag. Übergangsphasen sind unvermeidbar und verlangen viel Geduld und Zähigkeit. Stehvermögen und Zuversicht sind nun gefragt. Zugleich bieten gerade Zeiten, in denen die bröckelnde Fassade der alten Verhältnisse noch steht und das Neue noch keine scharfen Konturen besitzt, ungeahnte Möglichkeiten der Einflussnahme.

Frauen müssen die Gunst der Stunde erkennen, Macht ergreifen und eigene Gestaltungsspielräume erkämpfen, um einer sinnhaften, nachhaltigen und gendergerechten Wirtschaft den Weg zu ebnen.

Einarbeitung

Arbeitsphase zu Beginn einer Tätigkeit in neuen Unternehmen oder fremden Fachbereichen, die von Frauen und Männern zumeist unterschiedlich genutzt wird. Während Frauen vor allem ihre inhaltliche Kompetenz unter Beweis stellen und möglichst schnell zeigen wollen, dass sie motiviert und fachlich für die entsprechende Stelle geeignet sind, erkunden Männer die Lage. In den ersten Wochen sondieren sie zielstrebig, wer in welchem Bereich das Sagen hat – sie klopfen das Unternehmen auf die realen

Machtverhältnisse ab und beginnen dann, sich innerhalb dieser Konstellationen strategisch zu bewegen. Dass die ebenfalls neue Kollegin bereit ist, besonders viel Arbeit zu übernehmen, kommt ihnen da nur gelegen.

Entgrenzung

Auflösung von ehemals festgelegten Grenzen der Arbeit, die in der modernen Wirtschaftswelt (→ **Wissensarbeit**) besonders deutlich bei den drei Faktoren Arbeits*ort*, Arbeits*zeit* und Aufgabenstellung zutage tritt. Die meisten Beschäftigten sind heute permanent erreichbar, nehmen ihr Diensttelefon mit nach Hause, können nicht mehr klar zwischen Arbeits- und Freizeit unterscheiden, müssen den Umfang, das Ziel und die Kooperationspartner beziehungsweise KollegInnen ihrer wissensbasierten Aufgaben stets neu definieren und über Fachbereichs- und Unternehmensgrenzen hinweg organisieren.

Erwerbsbiografie, lückenlose

Oft als Grund angeführt, wieso Frauen weniger für hochkarätige Führungspositionen geeignet sind als Männer. Teilzeitarbeit oder Elternzeit dient im Rahmen dieser Argumentation als legitimer Grund, Frauen den späteren Aufstieg oder adäquaten Wiedereinstieg zu verweigern. In der Realität zeigt sich jedoch, dass erfolgreiche männliche Führungskräfte oft ebenso wenig über eine lückenlose Erwerbsbiografie verfügen wie ihre weiblichen Kollegen. Den Unterschied macht hier, wieder einmal, die Bewertung der entsprechenden Auszeit: Während ein Jahr Familienzeit als Defizit erscheint, gilt bei den überwiegend männlichen Führungskräften eine Weltreise oder ein halbes Jahr spiritueller Rückzug sogar als Antrieb, um ihre Karriere danach mit Hochdruck weiterzuverfolgen.

Feierabendbier

Wird oft als Anlass genommen, gemeinsam mit den KollegInnen den Arbeitstag gesellig zu beenden. Gewöhnlich werden bei diesen Runden wertvolle Informationen ausgetauscht und manchmal auch Entscheidungen getroffen, die im Verlauf der weiteren Karriere außerordentlich wichtig sein können. Der Feierabend mit KollegInnen wird oft genutzt, um Netzwerke aufzubauen, zu pflegen und emotionale Bindungen zu stärken, die sich später zielorientiert nutzen und in Karrierevorteile umwandeln lassen. Was berechnend klingt, ist in vielen Unternehmen gängige Praxis. Gerade Frauen unterschätzen häufig den beruflichen Stellenwert der gemeinsamen (Frei-)Zeit mit den KollegInnen und scheuen sich, das Private auch strategisch zu nutzen. Frauen sind außerdem im Nachteil, weil sie a) nach Feierabend oft familiäre Verpflichtungen haben und b) sich im Kreis von überwiegend oder ausschließlich männlichen Kollegen fremd fühlen. Sie wissen nicht, ob sie ihre »Weiblichkeit« betonen oder möglichst überspielen sollen.

Varianten: gemeinsam Sport treiben; Golf spielen; in der Teeküche plaudern; zusammen essen gehen; bei Tagungen miteinander ins Gespräch kommen.

Flexibel

Noch vor einigen Jahrzehnten vor allem auf Materialien bezogener, heute besonders häufig in der Arbeitswelt verwendeter Begriff. An ihm lässt sich zweierlei ablesen: einerseits die Auflösung starrer Unternehmensgrenzen (→**Strukturen, fluide**), sodass die Planung von Karriere immer schwieriger wird; andererseits die Forderung, dass die Beschäftigten auf die globalen Veränderungen persönlich reagieren und jederzeit erreichbar, mobil und leistungsbereit sind (24/7). Es hat sich bereits ein eigener Karrieretypus herausgebildet: »die Flexiblen«. Unentschieden bleibt, ob diese Geschmeidigkeit eine Kompensationsleistung darstellt, um Enttäuschungen von vornherein abzufedern, oder ob es sich um eine bewusst gewählte, »freiheitsstiftende« Karrierestrategie handelt. In jedem Fall zeigte sich: Männer können sich diese Flexibilität eher leisten als Frauen.

Varianten: ständig verfügbar; permanent einsatzbereit; anpassungsfähig; mobil und bereit, für den Beruf jederzeit den Wohnort zu wechseln.

Gestaltungsmacht
Verfügt über weitreichende Entscheidungskompetenzen, insbesondere in Bezug auf Personal und die strategische Ausrichtung des Unternehmens sowohl nach innen als auch nach außen (auf den Markt). Wer Nachhaltigkeit, Sinnhaftigkeit und Geschlechterarrangements anstrebt, kommt nicht ohne Gestaltungsmacht aus.

Gewährleistungsarbeit
Unverzichtbare Voraussetzung *(sine qua non)* für die zügige Bewältigung anstehender Aufgaben und Geschäfte. Mit anderen Worten: Sicherung des Normalbetriebs. Sekretärinnen und Assistentinnen leisteten in der »alten« Arbeitswelt quasi *Zu*arbeit, um die Effizienz ihrer Chefs zu garantieren (Terminkoordination, Kommunikationsabwicklung und -vorbereitung, Emotionsarbeit etc.). Auch die immaterielle Wissensarbeit muss »gewährleistet« sein, indem allfällige Störungen und Unregelmäßigkeiten abgewehrt und innovative Problemlösungen ermöglicht werden. Bei interaktiven und kommunikativen Prozessen fungiert Gewährleistungsarbeit als eine Art emotionale und kooperative Pannenhilfe. Auch heute noch wird sie gern Frauen zugewiesen oder überlassen und allzu oft von ihnen bereitwillig übernommen. Offenbar traut Mann/man Frauen zwar eine hohe Konfliktfähigkeit und Moderationskraft zu, aber keine Macht und Führungsstärke.

Hosenanzug
Klassisches Kleidungsstück für Frauen in der Geschäftswelt, an dem sich der vermeintliche Widerspruch von »Weiblichkeit« und Macht ablesen lässt – der Hosenanzug ist nichts anderes als ein normaler Anzug für Frauen (Hosenbeine hat schließlich auch der Anzug für Männer). Durch den Zusatz »Hose« wird das »eigentlich Unpassende«, weil »Männliche« dieser Bekleidung betont und gleichzeitig unterstellt, der Rock sei das natürliche Kleidungsstück für eine Frau. Ein Hosenanzug erscheint somit »männlicher« als ein Anzug für Männer. Das ist so, als würde die männliche Version der Hausfrau nicht »Hausmann«, sondern »Kümmerhausmann« oder »Putzhausmann« heißen. Die Wahrnehmung mächtiger Frauen folgt oft dieser »schrägen« Logik: Streicht ein Mann Stellen, ist er »durchsetzungsstark«, eine Frau dagegen »eiskalt«. Wird ein Mann im Meeting laut und bestimmend, ist er »selbstbewusst« und »übernimmt Führung«, die Frau hingegen ist »herrschsüchtig« und »hysterisch«.

»Ich kann es einfach nicht!«
Tendenziell »weibliche« Reaktion auf die Erfahrung des Scheiterns. Schon im frühen Kindesalter neigen Frauen dazu, ihren Misserfolg zu internalisieren, das heißt mit Faktoren zu erklären, die ihre eigene Person und Kompetenz betreffen. Das Problem: Fehlende Fähigkeiten werden als etwas wahrgenommen, das sich nur schwer ändern lässt. Varianten: »Ich bin nicht gut genug«; »das liegt mir nicht«; »das ist nicht meine Stärke«; »das konnte ich noch nie«.

Immaterialisierung
Was nach ferner Zukunft klingt, ist längst Realität: An die Stelle der Industriewirtschaft, die am Fließband materielle Güter produzierte, ist ein Wirtschaftssystem getreten, das in erster Linie

*im*materielle Produkte entwickelt und verkauft, das heißt Dienstleistungen, Strategien, Ideen, Innovationen, Konzepte – kurz: Wissen. Man spricht deshalb auch von einer Wissensökonomie, in der nicht mehr vorrangig Waren, sondern Informationen und Kompetenzen gehandelt werden.

Karriere

Gängiger Begriff für Berufslaufbahn. Während das englische »career« eher neutral die Laufbahn einer MitarbeiterIn beschreibt, hat sie oder er im Deutschen nur im Erfolgsfall »Karriere« gemacht. Selbst von »Drogen-«, »Knast-« und »Verbrecherkarrieren« wird nur gesprochen, wenn diese im negativen Sinn *erfolgreich* waren. Inzwischen hat der Werte- und Strukturwandel in den Unternehmen jedoch auch diese eindimensionale Vorstellung von einem »Aufstieg« erfasst. Das Bild einer Leiter, die MitarbeiterInnen hochsteigen müssen, passt heute nicht mehr, es lässt sich eher von einem Netz sprechen: Seiten- und Querwege (wie etwa Projekt- oder Fachlaufbahn) sind möglich und werden von den Unternehmen sogar gewünscht.

Konkurrenz und Kooperation

In der vorherrschenden Projektarbeit ein zentraler Widerspruch. Einerseits werden im Projekt Teamfähigkeit und Zusammenarbeit groß geschrieben und gefordert, andererseits stellt Projektarbeit ein Sprungbrett für die Karriere dar (→**Bewährungsprobe**) und verlangt deshalb auch, sich in Konkurrenzverhältnissen durchzusetzen. An diesen widersprüchlichen Herausforderungen zeigen sich große Unterschiede im Verhalten der Geschlechter: Frauen kooperieren eher, Männer konkurrieren obendrein. Während Jungen schon früh im Mannschaftssport lernen, dass Freundschaft und Wettbewerb einander nicht ausschließen, pflegen Mädchen eher persönliche, vertrauensvolle (Einzel-)Freundschaften, die durch Konkurrenz gefährdet wären. Varianten: teamfähig und durchsetzungsstark; flexibel und hundertprozentig committed.

Liebe und Leidenschaft
Heute auch vielfach (mitunter auch kritisch: »Liebe ist kälter als das Kapital«[3]) auf die Einstellung zur Arbeit bezogen. Dem libanesisch-amerikanischen Philosophen und Dichter Khalil Gibran zufolge war Arbeit schon im Jahr 1925 »sichtbar gemachte Liebe«[4], wobei er davon ausging, in der Arbeit eine gottgefällige Aufgabe zu erfüllen. Unternehmen, die heute von ihren MitarbeiterInnen erwarten, sich mit der **ganzen Person** (→**Person, ganze**) einzubringen und sich praktisch mit »Haut und Haaren« vereinnahmen zu lassen, scheinen diese Vorstellung auf ganz eigene Weise zu interpretieren. Sie erwarten von ihren Beschäftigten oft nichts weniger als Liebe zum Unternehmen und leidenschaftliche Identifikation mit dessen Zielen. Dies erzeugt ähnlich wie in der romantischen Liebe Entfremdung und Überforderung, weil der reale Berufsalltag dem propagierten Leitbild der Beschäftigten, die in der Arbeit für das Unternehmen höchstes Glück und Lebenssinn finden sollen, nicht gerecht werden kann. Besonders die noch aktuelle Parallelität von »alten« und »neuen« Arbeitsbedingungen führt häufig zu Widersprüchen mit enormen Belastungen für die Betroffenen.

Lieschen, Fleißiges
Bezeichnung einer besonders ausdauernden, das ganze Jahr über blühenden Zierpflanze. Gleichzeitig eine seit Jahrhunderten für Frauen reservierte Rolle, zu der es bis heute kein männliches Äquivalent gibt. Das »Fleißige Lieschen« erwirbt sich sein Selbstvertrauen vor allem durch ein rührendes und rühriges Verhalten (Kümmern), bei dem es nicht um Prestige, Status oder Macht-

erwerb geht. Das fleißige Lieschen agiert im Hintergrund, steckt gerne zurück, denkt in WIR-Form und nimmt in Kauf, nicht als Grund für den Erfolg derjenigen genannt zu werden, für die es arbeitet.

Varianten: das Mädchen für alles oder die Fleißbiene.

Machtwille

Streben nach Verhandlungs- und Gestaltungsmacht, das zum Aufstieg im Unternehmen erforderlich ist, jedoch im Widerspruch zu den traditionellen Vorstellungen von »Weiblichkeit« steht. Frauen, die expressiv Machtwillen demonstrieren – dies belegen zahlreiche Studien – wirken im Vergleich zu ihren männlichen Kollegen weit weniger sympathisch. Macht und Sympathie »korreliert« (wie Soziologen es formulieren) bei Männern positiv, bei Frauen negativ. So überrascht es nicht, dass die Karriereoptionen von Frauen eher an → **Verhandlungsmacht** gekoppelt sind, diejenigen der Männer eher an → **Gestaltungsmacht**.

Mixed Leadership

Geschlechtergemischte Führungsgruppen, die bessere Arbeitsergebnisse erzielen als homogene (rein männlich besetzte) Leitungsgremien: Unternehmen mit mindestens dreißig Prozent Frauen in der Spitze sind erfolgreicher, flexibler, kreativer und reicher an Innovationen und Ideen. Sie agieren nachhaltiger, verantwortungsbewusster und gehen stärker auf die Bedürfnisse ihrer MitarbeiterInnen ein. Strittig ist derzeit unter Fachleuten noch, ob bessere Arbeitsergebnisse allein auf den höheren Frauenanteil in der Führungsspitze zurückzuführen sind oder Resultat einer modernen Organisationsweise, die unter anderem eine geschlechterneutrale Personalauswahl impliziert.

Klar ist jedenfalls: An Mixed Leadership führt in Zukunft kein Weg vorbei.

»Nach dem Spiel ist vor dem Spiel«
»Typische« Haltung von Männern nach einem Misserfolg. Sie neigen dazu, fehlenden Erfolg durch externe Faktoren, also Einflüsse von außen, zu erklären, während sie Erfolgserlebnisse internalisieren und aus ihrer Persönlichkeit ableiten. Es handelt sich um eine Einstellung, die schon im Kindesalter zu beobachten ist. So schimpfen Jungen zum Beispiel über Lehrer, die ihnen schlechte Noten gegeben haben; Mädchen hingegen klagen: → **»Ich kann es einfach nicht!«**

Varianten: »Beim nächsten Mal klappt's bestimmt«; »da mach ich mir gar keinen Kopf«; »ich schau immer nach vorne«; »mit Selbstmitleid halte ich mich nicht auf«.

Netzwerke, informelle
Besonders machtvolle Beziehungsgeflechte auf der Basis von → **Selbstähnlichkeit** (zum Beispiel die berühmt-berüchtigten Old Boys Networks). Diese Solidaritäts- und Unterstützungsbünde können Karrieren befördern, aber auch vernichten. Für Karrieren ist die Anbindung an Netzwerke unter Umständen wichtiger als einzelne, konkret erbrachte Leistungen. Männer beherrschen die Netzwerkarbeit sehr gut, suchen Kontakte zu ranghöheren Kollegen und bilden Allianzen zur Förderung ihrer eigenen Pläne. Für Frauen stellen sich die Dinge weit komplizierter dar: Zunächst einmal ziehen sie Kontakte auf Augenhöhe vor. Sodann stehen sie Allianzen zur Stärkung der eigenen Macht skeptisch gegenüber, weil hier Persönliches mit Strategischem vermischt wird. Ferner können sie wegen familiärer Verpflichtungen kaum freie Zeit für Netzwerkarbeit verwenden. Und schließlich werden sie ohnehin aufgrund ihres Geschlechts von relevanten Netzwerken (den besagten Old Boys Networks) ausgeschlossen. Gleichwohl werden gegenwärtig immer häufiger Frauennetzwerke gegründet, die sich als Gegengewichte zu den machtvollen »Männerbünden« verstehen.

Wichtig: Allianzen bilden, starke Partnerinnen suchen, Kolleginnen nicht mit Freundinnen verwechseln, professionell auftreten und → **Durchhalten**.

Parallelität der Strukturen

Gleichzeitigkeit unterschiedlicher (unter Umständen widersprüchlicher) Rahmenbedingungen. »Alte« und »neue« Arbeitsorganisationen, »alte« und »neue« Geschlechterrollen, »alte« und »neue« Leitbilder, bestehen nebeneinander und üben synchron Einfluss aus.

Heute sind die Beschäftigten häufig weder vollständig in der »neuen«, noch ganz in der »alten« Arbeitswelt verortet. Vielmehr erleben sie einen vielschichtigen Wandel von Strukturen und Kulturen, der nicht kontinuierlich und linear verläuft, sondern je nach Unternehmenswelt widersprüchlich, uneinheitlich oder sogar rückläufig ist. Oft hinkt die am Arbeitsplatz vorgefundene Realität den neuen Leitbildern der Unternehmen und der Gesellschaft hinterher. In Sachen Geschlechtergerechtigkeit heißt das: die unter Umständen politisch korrekten Absichten der Unternehmensleitungen zur Chancengleichheit werden durch ein altes, klischeehaftes Frauenbild konterkariert. Für die Beschäftigten stellt diese Parallelität der Strukturen eine besondere Belastung dar, weil sie gleichzeitig verschiedenen Ansprüchen gerecht werden müssen.

Performance

Im soziologischen Sprachgebrauch nicht der Gewinn eines Unternehmens, sondern der Gesamtauftritt einer Person – inklusive Körpersprache, Mimik, dargestelltem Selbstbewusstsein und Stimme.

In der Wissensökonomie hängt der Erfolg der Arbeit maßgeblich von der individuellen Leistungsfähigkeit der Beschäftigten ab. Mit einer überzeugenden und authentischen Performance kann der

Wert der eigenen Person für das Unternehmen sichtbar gemacht werden und entsprechende Karriereschritte nach sich ziehen.

Allerdings sind die Auswirkungen dieser Entwicklung für Frauen und Männer derzeit noch äußerst unterschiedlich, weil ihre jeweilige Performance scheinbar überwundene Stereotype provoziert. Während bei Männern die traditionellen Darstellungsformen (hart, durchsetzungsstark, fordernd etc.) immer noch »Eindruck schinden«, geraten Frauen in eine neuartige Geschlechterfalle: die Umcodierung der ehemals als typisch weiblich geltenden, »weichen« Eigenschaften in berufliche →**Soft Skills** führt nämlich zu falschen Zuschreibungen. Sobald Frauen die heute ökonomisch benötigten sozialen Kompetenzen ostentativ darstellen (»Impression Management«), greifen bei denjenigen, die sie beurteilen (müssen), wieder die alten Deutungsmuster (nach dem Motto: »Soft Skills sind gut und unverzichtbar, aber mit der Ausübung jener speziellen Macht, wie sie im Topmanagement benötigt wird, nicht kompatibel!«).

Person, ganze

»Kompaktdesign« von MitarbeiterInnen, um die heutige Personalpolitik der Unternehmen zu bedienen. Die Beschäftigten können sich in der modernen Arbeitswelt nicht mehr auf die Rolle bloßer Funktionsträger zurückziehen. Max Webers Vorstellung einer fachlichen Eignung »ohne Ansehen der Person«[5] hat sich in ihr Gegenteil verkehrt. Heute sollen sich die Arbeitenden möglichst »mit Haut und Haaren« in die Firma einbringen. Persönliches Commitment und Identifikation mit den Zielen des Unternehmens werden mehr denn je als selbstverständlich vorausgesetzt. Die gesellschaftlichen Folgen dieses neuen Leitbildes sind vielfältig: Sie reichen von einer Aufwertung der Arbeit als etwas, das Selbstverwirklichung und Autonomie ermöglicht, bis hin zu Risiken der Selbstausbeutung und permanenten Überforderung.

Rabenmutter

Seit vielen Jahrzehnten gleichbleibend wirksames Etikett für Mütter, die angeblich nicht genügend Zeit mit ihren Kindern verbringen. Eine männliche Variante ist nicht gebräuchlich, obwohl die Mehrheit der Väter noch immer erstaunlich wenig Zeit mit den eigenen Kindern verbringt. Berufstätige Frauen werden durch die Bezeichnung »Rabenmutter« stigmatisiert, vor allem dann, wenn sie sehr erfolgreich sind. Das Klischee lautet: »A good mother is always there.« Diesem Verständnis nach kann eine Frau, die Karriere macht, nicht gleichzeitig auch eine gute Mutter sein – erfüllte Mutterschaft und erfolgreiche Karriere schließen sich aus. Statt der unangemessenen Schuldzuweisungen wäre es hilfreich, über die Qualitäten von guter Mutterschaft zu sprechen; denn es dürfte klar sein, dass eine Mutter, die ständig da ist, ebenso wenig automatisch eine gute Mutter ist wie ein Beschäftigter, der immer als Letzter geht. Außerdem könnten flexible Arbeitszeitmodelle und partnerschaftliche Elternpflichten helfen.

Varianten: Karrierefrau; Mannweib; Frau mit Haaren auf den Zähnen; Frau, die sich gegen ihre Kinder entscheidet.

Risikofaktor Frau

Generalverdacht: Ab einem gewissen Alter werden viele Personalchefs hellhörig, wenn Bewerberinnen bekunden: »Ich befinde mich in einer stabilen Partnerschaft« oder: »Ich möchte jetzt erst mal in der neuen Stadt ankommen.« Sie schließen auf eine baldige Schwangerschaft und bevorzugen eine weniger riskante Person. Außerdem orientieren sie sich am Prototyp des erfolgreichen Mitarbeiters im Unternehmen, also an Männern. Der Generalverdacht: »Frau« könnte schwanger werden und ist nicht so belastbar und leistungsstark wie ihre Kollegen. Sprich: Frauen sind ein Kosten- und Risikofaktor. Studien zeigen jedoch, dass dies falsch ist, da das Risiko, die Firma – aus welchen Gründen auch immer – zeitweise oder endgültig wieder zu verlassen, sich bei männlichen und weiblichen Bewerbern kaum unterscheidet. Im Gegenteil: Wird einer Frau – oder einem Mann – eine Familienzeit zugestanden, darf sich das Unternehmen nach der Rückkehr sogar über Loyalitätsgewinne freuen.

Selbstähnlichkeit, auch Homosozialität

Konzept der Auswahl von Bewerbern und MitarbeiterInnen, dessen oberste Prinzipien Selbsterhaltung und Sicherheit sind (»Gleiche unter Gleichen«). Dies gilt besonders für die Chefetagen und die Old Boys Networks. Motto: »Je ähnlicher der zukünftige Kollege oder Mitarbeiter ist, desto weniger Überraschungen sind zu erwarten, desto besser lässt sich sein Verhalten einschätzen.« Intern und kurzfristig geht dieses Konzept zwar auf und schafft subjektiv höhere Sicherheit, langfristig führt es jedoch zu Innovationsverlusten, da wichtige Außenstandpunkte und notwendige, hilfreiche Kritik ausbleiben. Positive Effekte von Mixed Leadership bleiben ungenutzt.

Nach wie vor gilt: Männer stellen Männer ein – und zwar am liebsten solche mit einem ähnlichen soziokulturellen Hintergrund.

Soft Skills

Genau jene Fähigkeiten, die in einer durch Entgrenzung und →**Wissensarbeit** geprägten Unternehmenskultur dringend erforderlich sind: Teamfähigkeit, Kommunikation, Selbstreflexion, Empathie, Kreativität, Kontaktstärke, Innovation etc. Es sind noch immer vorrangig Frauen, die – aufgrund von Erziehung und Lebenszusammenhang – in besonderem Maß über diese Fähigkeiten verfügen. Die meisten Frauen neigen dazu, ihre Kompetenzen in diesem Bereich als selbstverständlich anzusehen und nicht als *Wert*, den sie bewusst für ihre beruflichen Zwecke ins Spiel bringen könnten oder sollten. Männer hingegen setzen ihre »harten« macht-, status- und hierarchiebezogenen Fähigkeiten strategisch für ihre Karriere und zur Steigerung des eigenen Selbstbewusstseins ein.

Strukturen, fluide
Moderne Unternehmen organisieren sich zunehmend in dynamischen, netzwerkartigen Strukturen, die – gering formalisiert und relativ *un*hierarchisch – Wertschöpfungsketten und Kooperationen über Fach- und Firmengrenzen hinweg ermöglichen. Je entgrenzter die Arbeit der Beschäftigten ist, desto wichtiger werden persönliche Eigenschaften wie Kontakt- und Teamfähigkeit, Integrationskraft, psychologisches Geschick, Netzwerkarbeit, Kommunikation etc. In einer Weltwirtschaft, in der →**Wissensarbeit** geleistet wird und persönliche Kompetenzen zählen, ist die fluide Organisation das passende Modell für die Zukunft.

»Think manager, think male«
Ausspruch, der die Diskriminierung weiblicher Führungskräfte auf den Punkt bringt – getragen von dem Mythos, dass Frauen und Karriere, Frauen und Macht, Mutterschaft und Berufsleben unvereinbar sind. Manager, so heißt es, benötigen »ein dickes Fell«, Durchsetzungskraft, strategisches Geschick, Machtwillen, den richtigen Habitus (»Gleicher unter Gleichen«) und eine repräsentative Frau im Hintergrund, die ihnen den Rücken frei hält. Manager haben gewöhnlich belastbare Netzwerke – und benötigen eines besonders: nämlich Zeit.

(Chef-)Umgebungen
Neue, flexiblere Form der früher statischen Hierarchien. Während die Beschäftigten in tayloristisch-bürokratischen Unternehmen meist nur einem direkten Vorgesetzten Folge zu leisten hatten, haben sie es heute zumeist mit mehreren Chefs zu tun:

Gerade in der Projektarbeit werden sie von den jeweiligen LeiterInnen der (oft gleichzeitig stattfindenden) Projekte beurteilt und weiterempfohlen. Neben der als positiv empfundenen Verflachung von Hierarchien stellen Chefumgebungen auch einen neuen Stressfaktor dar: Selbst hier haben sich alte Sicherheiten aufgelöst, an deren Stelle neue Unsicherheiten getreten sind. Die »alte« lineare Kommandokultur der hierarchischen Unternehmen ist neuen, netzwerkartigen Formen gewichen. Anders gesagt: Der Ton ist freundlicher geworden, kann aber aus allen Richtungen kommen.

Urlaubsbilder, gerahmt
Relikte der alten Arbeitswelt, in welcher die Trennung zwischen Arbeit und Freizeit noch stark ausgebildet war. Die Urlaubsbilder auf dem Schreibtisch stellten ein Tor in andere Welten dar, ein Gegengewicht, das für all jene vergangenen und zukünftigen Erlebnisse stand, die nichts mit der Arbeit zu tun hatten. In der modernen Arbeitswelt hingegen soll die Beschäftigung selbst so viel Spaß bereiten wie früher der Urlaub, gleichzeitig wird der Urlaub als eine Gelegenheit angesehen, sich in körperlicher, kreativer oder sogar spiritueller Hinsicht für die Arbeit fit zu machen. Er ist kein Selbstzweck mehr, sondern ein Mittel zur Optimierung und Ökonomisierung des beruflichen Selbst.

Verhandlungsmacht
Sie bietet die aussichtsreiche Chance, zum Beispiel aufgrund herausragender Projekterfolge oder ausgewiesenen Expertentums Forderungen bezüglich Einkommen, prestigereicher Ausstattung (wie Räumlichkeiten, Autos, Laptops etc.) oder Personal zu stellen.

»Weil ich Glück hatte«

Typische Antwort von Frauen auf die Frage, wieso sie eine bestimmte Position erreicht haben. Es ist eine Haltung, die sympathisch, weil bescheiden erscheint, in vielen Fällen jedoch nicht den Tatsachen entspricht, sondern eher einem geschlechterstereotypen Understatement. Auch wenn sie jahrelang auf eine Position hingearbeitet haben, hochqualifiziert sind und sich aufgrund ihrer eigenen Leistung gegen starke Mitbewerber durchsetzen konnten, tendieren Frauen noch immer dazu, ihr Licht unter den Scheffel zu stellen. Varianten: »Ich hatte ein gutes Team im Rücken«; »die Umstände haben mir geholfen«; »das Schicksal hat es gut mit mir gemeint« oder »es war eben der richtige Zeitpunkt«. In diesen Antworten zeigt sich nicht zuletzt die Angst von Frauen, → **Machtwillen** zu entwickeln und zu bekennen.

»Weil ich gut bin«

Typische Antwort von Männern auf dieselbe Frage. Männer tendieren dazu, sich Erfolge auch dann selbst zuzuschreiben, wenn die Umstände ihnen massiv geholfen haben und der Zufall Regie führte. In der heutigen, auf Projektarbeit konzentrierten Arbeitswelt, in der es vor allem darauf ankommt, sich selbst als Garant eines in der Zukunft liegenden Erfolgs darzustellen (→ **Darstellung und Inhalt**), sind Männer mit dieser Einstellung im Vorteil. Sie begründen Erfolge auch deshalb gern mit der eigenen Person, weil sie die zugeschriebene »männliche« Rolle nicht als Widerspruch zum eigenen Erfolg empfinden.

Varianten: »Meine Leistung hat sich ausgezahlt«; »ich kann es einfach«; »wenn es einer kann, dann ich«; »ich bin ein Charismatiker/Verhandlungsgenie/Managementprofi«.

Win-Win-Projekt

Eine für alle Beteiligten vorteilhafte Angelegenheit. Bestes Beispiel: *She*conomy. Noch viel zu oft wird die Gleichberechtigung von Frauen im Beruf ausschließlich unter dem Aspekt »Gerechtigkeit« verhandelt. Frauen erscheinen als Bittstellerinnen, die endlich ein Stück vom Kuchen abhaben wollen. Doch Denkmuster wie »Gerechtigkeit« und das Bild des »geteilten Kuchens« gehen – trotz moralischer Angemessenheit – mitunter an der Sache vorbei: Die Beteiligung von Frauen unter Bedingungen der neuen Wissensökonomie ermöglicht im Gegenteil einen insgesamt größeren Kuchen, also Vorteile für alle.

Wissensarbeit

Problemlösende Tätigkeit, bei der die Produkte nicht materiell sind und die Lösungswege nicht aus vorgegebenen Abläufen bestehen, sondern ganz oder teilweise unbekannt sind. Eine Assistentin, die unter einer Fülle von Angeboten kreativ die günstigste Flugverbindung für ihre Chefin zusammenstellt, leistet somit ebenso Wissensarbeit wie ein Rechtsanwalt, der aus der Gesamtmenge der gültigen Gesetze diejenigen herausfiltert und neu interpretiert, die für seinen Mandanten besonders günstig sind. Wissensarbeit ist somit grundsätzlich als entgrenzte Tätigkeit zu verstehen, weil sie genauso Fach- und Unternehmensgrenzen sprengt wie Raum- und Zeitgrenzen. Sie erfordert die Bereitschaft zu Kreativität und Innovation und in erheblichem Maß soziale Kompetenzen, also Soft Skills. Heute ist die Wertschöpfung in den Unternehmen entscheidend durch Wissensarbeit bestimmt – Mitarbeiterinnen, die auch Soft Skills beherrschen, werden also dringender gebraucht als je zuvor.

Zweifel
Noch immer »weiblich« konnotiert. In einer Erhebung unter WissenschaftlerInnen an Max-Planck-Instituten gaben zwei Drittel der Frauen an, häufiger Zweifel an den eigenen wissenschaftlichen Fähigkeiten zu empfinden. Bei den Männern war es nur die Hälfte.[6] Bekannt ist dieses Phänomen auch als Hochstapler-Syndrom: Trotz entsprechender Qualifikation und Leistung haben Frauen in Führungspositionen oft das Gefühl, die erreichte Position nicht verdient zu haben, und fühlen sich gewissermaßen als »Hochstaplerinnen«, die jederzeit entlarvt werden könnten. Diese Tatsache ist alles andere als verwunderlich: In einem Arbeitsklima, das von Skepsis und Misstrauen gegenüber Frauen geprägt ist, lässt sich Selbstbewusstsein nur schwer aufbauen. Die →**Parallelität** von alten Klischees und neuen Strukturen scheint den Stress nur zu steigern.

Anmerkungen

Vorwort

1 Funken, Christiane/Rogge, Jan-Christoph/Hörlin, Sinje: Vertrackte Karrieren. Zum Wandel der Arbeitswelten in Wirtschaft und Wissenschaft. Frankfurt am Main (2015): Campus.
Funken, Christiane/Hörlin, Sinje/Rogge, Jan-Christoph: Generation 35 plus – Aufstieg oder Ausstieg? Hochqualifizierte und Führungskräfte in Wirtschaft und Wissenschaft (PDF). Berlin (2013). http://www.mgs.tu-berlin.de/v_menue/mitarbeiterinnen/prof_christiane_funken/publikationen/
Funken, Christiane: Managerinnen 50 plus. BMFSFJ, Berlin (2011). http://www.mgs.tu-berlin.de/v_menue/mitarbeiterinnen/prof_christiane_funken/publikationen/
Funken, Christiane/Stoll, Alexander/Hörlin, Sinje: Die Projektdarsteller: Karriere als Inszenierung. Wiesbaden (2011): VS-Verlag.
Funken, Christiane/Boes, Andreas/Stoll, Alexander: Strukturen und Spielregeln in modernen Unternehmen – Werden die Karten für Frauen neu gemischt? In: BMBF, Frauenkarrieren in Unternehmen – Forschungsergebnisse und Handlungsoptionen, Dokumentation der BMBF-Tagung vom 18. bis 19.11. 2010, Berlin, S. 63–70.
Funken, Christiane/Stoll, Alexander/Hörlin, Sinje: Forschungsbericht des BMBF – Projektes careers@communication. Technisch vermittelte Kommunikation in Unternehmen – Karrierechance oder -hindernis für Frauen in Deutschland? (2010).
Funken, Christiane/Stoll, Alexander: Modernes Wissensmanagement und karrierestrategisches Handeln – ein Gegensatz? In: Hinkelmann, Knut/Wache, Holger (Hrsg.): Fifth Conference – Professional Knowledge Management – Experience and Visions, Gesellschaft für Informatik, Bonn (2009), S. 573–581.

Funken, Christiane careers@communication – Digitalisierte Kommunikation in Unternehmen – Karrierehindernis oder Karrierechance für Frauen? Eine Studie von fForte academic und w-fForte – Wirtschaftsimpulse von Frauen in Forschung und Technologie, Berlin (2008): Download: www.w-fforte.at.

Funken, Christiane: Berufliche Kommunikationsstrategien von Frauen und Männern. In: Funder, Maria/Dörhöfer, Steffen/Rauch, Christian (Hrsg.): Jenseits der Geschlechterdifferenz? Geschlechterverhältnisse in der Informations- und Wissensgesellschaft. München und Mering (2005): Rainer Hampp Verlag, S. 219–232.

Funken, Christiane: Geld statt Macht. Weibliche und männliche Karrieren im Vertrieb – Eine organisationstheoretische Studie. Frankfurt am Main (2004): Campus.

Funken, Christiane/Fohler, Susanne: Unternehmerische Informationspolitik als Karrierestrategie. Alternierende Karrierechancen im Vertrieb. In: Hitzler, Ronald/Pfadenhauer, Michaela (Hrsg.): Karrierepolitik. Opladen (2003): Leske & Buderich, S. 313–326.

Kapitel 1

1 Die Namen wurden selbstverständlich geändert, um den InterviewpartnerInnen die zugesicherte Anonymität zu gewährleisten.

2 Frankfurter Allgemeine Zeitung, 09.08.2014: »Wir brauchen eine neue Erklärung der Menschenrechte«, Interview mit Dave Eggers.

3 Von Rottkay, Klaus: Arbeiten 4.0: Mehr Eigenverantwortung wagen. In: Sattelberger, Thomas/Welpe, Isabell/Boes, Andreas (Hrsg.): Das demokratische Unternehmen. Neue Arbeits- und Führungskulturen im Zeitalter digitaler Wirtschaft. Freiburg (2015): Haufe-Lexware GmbH, S. 251.

4 Gemeint ist die »Selbst-Bemächtigung« und »Selbst-Aneignung von Lebenskräften«. Herriger, Norbert: Empowerment in der sozialen Arbeit. Stuttgart (1997): Kohlhammer, S. 14 ff. Siehe auch Bröckling, Ulrich: Empowerment. In: ders./Krasmann, Susanne/Lemke, Thomas (Hrsg.): Glossar der Gegenwart. Frankfurt am Main (2002): Suhrkamp, S. 55–62.

5 Grey, Christopher: Career as a Project of the Self and Labour Process Discipline. In: Sociology, vol. 28 (2), 1994, pp. 479–497.

6 Bröckling, Ulrich: Das unternehmerische Selbst. Soziologie einer Subjektivierungsform. Frankfurt am Main (2007): Suhrkamp.

7 Vgl. Edding, Cornelia/Erfurt, Philine/Geppert, Sandhu/Geppert, Jochen: Geschlossene Gesellschaft? Wie Organisationen sich für Führungs-Frauen

öffnen können. In: Zeitschrift für OrganisationsEntwicklung, Nr. 4/2014, S. 4–10.

8 Wippermann, Carsten: Perspektive Wiedereinstieg. Ziele, Motive und Erfahrungen von Frauen vor, während und nach dem beruflichen Wiedereinstieg, Heidelberg (2011): Sinus Sociovision, S. 39.

9 Vgl. Holst, Elke/Kirsch, Anja: Spitzengremien großer Unternehmen: Mehr Schubkraft für eine ausgewogene Repräsentation von Frauen und Männern nötig. In: Managerinnen-Barometer: Unternehmen, DIW Wochenbericht Nr. 2, Deutsches Institut für Wirtschaftsforschung e.V., Berlin 2016, S. 32.

10 Barsh, Joanna/Yee, Lareina: Unlocking the full potential of women at work. McKinsey & Company (2012): pp. 5. Vorsicht muss man bei der Interpretation der Daten des Odgers Berndtson Manager-Barometers von 2014/2015 walten lassen. Demnach möchten mehr Frauen als Männer (51% zu 49%) weiter aufsteigen (brand eins 2/2016, S. 29). Zwar betonen auch in meinen Studien mehr Frauen als Männer, dass sie Karriere machen wollen. Zu beachten ist jedoch, dass Männer ihre Ambitionen nicht in gleichem Maße äußern wie Frauen; denn sie betrachten den Aufstieg zumeist als eine Selbstverständlichkeit, als ganz normale Folge ihrer Leistungen.

11 Burkhart, Günter: Boltanski/Chiapello: Ein feministischer Geist im neuen Kapitalismus. In: Kahlert, Heike/Weinbach, Christine (Hrsg.): Zeitgenössische Gesellschaftstheorien und Genderforschung. Heidelberg (2012): Springer, S. 158.

Kapitel 2

1 Vgl. u.a. Wippermann, Carsten: Frauen in Führungspositionen. Barrieren und Brücken, Heidelberg (2010): Sinus Sociovision.

2 Vgl. u.a. Osterloh, Margit/Folini, Elena: Die Verschwendung weiblichen Wissens: Ein Versuch zur Klärung des Glass Ceiling-Phänomens. In: Fabel, Oliver/Nischik, Reingard M. (Hrsg.): Femina oeconomica. Frauen in der Ökonomie. Beiträge zur Personal- und Organisationsökonomik, Bd. 12, München (2002): Hampp, S. 125–141.

3 Zitiert nach Heuser, Uwe Jean/Steinborn, Deborah: Anders denken! Warum die Ökonomie weiblicher wird. München (2013): Carl Hanser Verlag, S. 36.

4 Wippermann, Carsten: Frauen in Führungspositionen, a.a.O., S. 54.

5 Ebd.

6 Vgl. u.a. Krumpholz, Doris: Einsame Spitze. Frauen in Organisationen.

Wiesbaden (2004): VS Verlag für Sozialwissenschaften; Bischoff, Sonja: Männer und Frauen in Führungspositionen der Wirtschaft in Deutschland. Neuer Blick auf alten Streit. Bd. 60, Köln (1999): Wirtschaftsverlag Bachem; Bischoff, Sonja: Wer führt in (die) Zukunft? Männer und Frauen in Führungspositionen der Wirtschaft in Deutschland – die 5. Studie, DGFP-PraxisEdition Band 97, Bielefeld (2010): W. Bertelsmann Verlag.

7 Zitiert nach Heuser, Uwe Jean/Steinborn, Deborah: Anders denken!, a.a.O., S. 73.

8 Frankfurter Allgemeine Zeitung, 08.12.2014: »Die Vorstandsfrau als Alibi ging in die Hose«. Interview mit Thomas Sattelberger.

9 Ebd.

10 Funke, Claudia/Suder, Katrin/Domscheit, Anke: A Wake-Up Call for Female Leadership in Europe. McKinsey & Company (2007).

11 Heuser, Uwe Jean/Steinborn, Deborah: Anders denken!, a.a.O., S. 16ff.

12 Krumpholz, Doris: Einsame Spitze, a.a.O.

13 Heuser, Uwe Jean/Steinborn, Deborah: Anders denken!, a.a.O., S. 23.

14 Becker, Gary S.: Human Capital Effort, and the Sexual Division of Labor. In: Journal of Labor Economics, University of Chicago Press (1985), vol. 3 (1), pp. 32–58.

15 Süddeutsche Zeitung-Magazin, Heft 11/2008: »Typisch Mann, oder?«.

16 Wippermann, Carsten: Frauen in Führungspositionen, a.a.O., S. 70.

17 Vgl. ebd., S. 30.

18 Vgl. Holst, Elke/Kirsch, Anja: Spitzengremien großer Unternehmen: Mehr Schubkraft für eine ausgewogene Repräsentation von Frauen und Männern nötig. In: Managerinnen-Barometer: Unternehmen, DIW Wochenbericht Nr. 2, Deutsches Institut für Wirtschaftsforschung e.V., Berlin (2016), S. 40f.

19 Vgl. Statistik zur Fertilitätsrate in den europäischen Mitgliedsstaaten im Jahr 2013: http://de.statista.com/statistik/daten/studie/200065/umfrage/geburtenziffern-in-ausgewaehlten-laendern-europas, Zugriff am 12.01.2016.

20 Vgl. Wippermann, Carsten: Frauen in Führungspositionen, a.a.O., S. 35f.

21 Ebd., S. 48.

Kapitel 3

1 Tannen, Deborah: Power of Talk: Who gets heard and why. In: Harvard Business Review 1995, pp. 138–148.

2 Weber, Max: Wirtschaft und Gesellschaft. Grundriss der verstehenden Soziologie. Studienausgabe, Tübingen (1976): J.C.B. Mohr (Paul Siebeck 1921), S. 562.

3 Walter, Franz/Marg, Stine (Hrsg.): Sprachlose Elite? Wie Unternehmer Politik und Gesellschaft sehen. Reinbek bei Hamburg (2015): Rowohlt, S. 175.

4 Neckel, Sighard: Die Macht der Unterscheidung. Essays zur Kultursoziologie der modernen Gesellschaft. Frankfurt am Main (2000): Campus Verlag, S. 63.

5 Ebd. S. 60.

6 Mehrabian, Albert/Wiener, Morton (1967): Decoding of Inconsistent Communications. In: Journal of Personality and Social Psychology, Vol. 6 (1), pp. 109–114;
Mehrabian, Albert/Ferris, Susan R.: Inference of Attitudes from Nonverbal Communication in Two Channels. In: Journal of Consulting Clinical Psychology (1967), vol. 31 (3), pp. 248–252.

7 Fiske, Susan/Taylor, Shelley: Social Cognition. From Brains to Culture. Thousand Oaks (1998): Sage.

8 Goffman, Erving: Wir alle spielen Theater. München (1983): Piper Verlag.

9 Vgl. Goffman, Erving: Rahmen-Analyse. Ein Versuch über die Organisation von Alltagserfahrungen. Frankfurt am Main (1980): Suhrkamp.

10 Pfadenhauer, Michaela: Professionalität. Eine wissenssoziologische Rekonstruktion institutionalisierter Kompetenzdarstellungskompetenz. Opladen (2003): Leske + Budrich, S. 116.

11 Vgl. hierzu auch Guadagno, Rosanna E./Cialdini, Robert B.: Gender Differences in Impression Management in Organizations: A Qualitative Review. In: Sex Roles (2007), Bd. 56 (7), pp. 483–494.
Auch: Rudman, Laurie A./Glick, Peter (1999): Feminized Management and Backlash toward Agentic Women: The Hidden Costs to Women of a Kinder, Gentler Image of Middle Managers. In: Journal of Personality and Social Psychology, 77 (5), pp. 1004–1010.

12 McGinn, Kathleen L./Tempest, Nicole: Heidi Roizen. In: Harvard Business School (2000), Case 9-800-228, (revised April 2010), pp. 1–17.

13 Bowles, Hannah Riley/Babcock, Linda/Lai, Lei: Social Incentives For Gender Differences in the Propensity to Initiate Negotiations: Sometimes it Does Hurt to Ask. In: Organizational Behavior and Human Decision Processes, 103, (2007), pp. 84–103.

14 Rudman, Laurie A.: Self-Promotion as a Risk Factor for Women: The Costs

and Benefits of Counterstereotypical Impression Management. In: Journal of Personality and Social Psychology (1998), vol. 74 (3), pp. 629–645.
15 Heilman, Madeline E./Haynes, Michelle C.: No Credit Where Credit Is Due: Attributional Rationalization of Women's Success in Male-Female Teams. In: Journal of Applied Psychology (2005), vol. 90 (5), pp. 905–916.
16 Hoobler, Jenny M./Wayne, Sandy J./Lemmon, Grace: Bosses' Perceptions of Family-Work Conflict and Women's Promotability: Glass Ceiling Effects. In: Academy of Management Journal (2009), vol. 52 (5), pp. 939–957.
17 Rastetter, Daniela: Macht und Mikropolitik. Frauen müssen taktischer werden! In: Positionen. Beiträge zur Beratung in der Arbeitswelt (2009), Heft 2, S. 5.
18 Boltanski, Luc/Chiapello, Ève: Der neue Geist des Kapitalismus. Konstanz (2003): UVK.
19 Clance, Pauline R./Imes, Suzanne A.: The Impostor Phenomenon in High Achieving Women: Dynamics and Therapeutic Intervention. In: Psychotherapy: Theory, Research and Practice (1978), vol. 15 (3), pp. 241–247.
20 Welpe, Isabell M./Brosi, Prisca/Ritzenhöfer, Lisa/Schwarzmüller, Tanja (Hrsg.): Auswahl von Männern und Frauen als Führungskräfte. Perspektiven aus Wirtschaft, Wissenschaft, Medien und Politik. Wiesbaden (2015): Springer Gabler.

Kapitel 4

1 Frankfurter Allgemeine Sonntagszeitung, 13.01.2013: »Ich bin die letzte Instanz«. Interview mit Reinhold Messner.
2 Ebd.
3 Süddeutsche Zeitung, 08.08.2011: »Da könnte ja jeder kommen«.
4 Vgl. auch Ohlendieck, Lutz: Gender Trouble in Organisationen und Netzwerken. In: Pasero, Ursula/Weinbach, Christine (Hrsg.): Frauen, Männer, Gender Trouble. Systemtheoretische Essays. Frankfurt am Main (2003): Suhrkamp, S. 177.
5 Die Zeit, 02.09.2010: »Kein Platz da«. Interview mit Tiemo Kracht.
6 Bischoff, Sonja: Wer führt in (die) Zukunft? Männer und Frauen in Führungspositionen der Wirtschaft in Deutschland – die 5. Studie. DGFP-PraxisEdition Band 97, Bielefeld (2010): W. Bertelsmann Verlag, S. 89.
7 Vgl. Hartmann, Michael: Individuelle Karrierepolitik oder herkunftsabhängiger Aufstieg? Spitzenkarrieren in Deutschland. In: Hitzler, Ronald/Pfadenhauer, Michaela (Hrsg.): Karrierepolitik. Beiträge zur Re-

konstruktion erfolgsorientierten Handelns. Opladen (2003): Leske + Budrich, S. 159–172.

8 Frankfurter Allgemeine Zeitung, 08.12.2014: »Die Vorstandsfrau als Alibi ging in die Hose«. Interview mit Thomas Sattelberger.

9 Vgl. Rastetter, Daniela/Cornils, Doris: Networking: Aufstiegsförderliche Strategien für Frauen in Führungspositionen. In: Gruppendynamik & Organisationsberatung 43 (2012), S. 47.

10 Im Übrigen sollte man die soziale Rolle des Kellners nicht unterschätzen. Die mit ihr verbundenen Performanceerwartungen sind sehr aufschlussreich. Man lese nur einmal nach, wie Jean-Paul Sartre seine existenzialistische Weltsicht anhand dieser Figur erläutert. (Das Sein und das Nichts. Reinbek bei Hamburg 1991: Rowohlt, S. 139).

11 Frankfurter Allgemeine Sonntagszeitung, 13.01.2013: »Ich bin die letzte Instanz«, a. a. O.

12 Walter, Franz/Marg, Stine (Hrsg.): Sprachlose Elite? Wie Unternehmer Politik und Gesellschaft sehen. Reinbek bei Hamburg (2015): Rowohlt, S. 187.

13 Frankfurter Allgemeine Sonntagszeitung, 13.01.2013: »Ich bin die letzte Instanz«.

14 Ebd.

15 Managermagazin, 24.08.2012: »Der letzte Männerbund«.

16 Die Zeit, 06.11.2014: »Zu Hause war ich diese Woche gar nicht«.

17 Kanter, Rosabeth M.: Men and Women of the Corporation. New York: Basic Books (1977), pp. 164.

18 Frankfurter Allgemeine Sonntagszeitung, 18.09.2011: »Nur schaffen, ja nicht auffallen – mein Leben ist das nicht«. Interview mit Herbert Henzler.

19 Siehe hierzu auch Reinald Götz' Roman »Johann Holtrop«, der Middelhoff als Vorlage benutzt, um einen bestimmten Typ des Managers zu charakterisieren. Berlin (2012): Suhrkamp.

Kapitel 5

1 Nišić, Natascha/Trübswetter, Parvati: Berufswechsler in Deutschland und Großbritannien. IAB-Kurzbericht 1/2012, Institut für Arbeitsmarkt- und Berufsforschung (2012), S. 2.

2 Voß, Günter G./Weiß, Cornelia: Ist der Arbeitskraftunternehmer weiblich? In: Lohr, Karin/Nickel, Hildegard Maria (Hrsg.): Subjektivierung von Arbeit – Riskante Chancen. Münster (2005): Westfälisches Dampfboot, S. 65–91. Kleemann, Frank/Matuschek, Ingo/Voß, Günter G.: Subjektivierung von

Arbeit – Ein Überblick zum Stand der soziologischen Diskussion. In: Moldaschl, Manfred/Voß, Günter G. (Hrsg.): Subjektivierung von Arbeit. München/Mering (2003): Hampp, S. 57–114.

3 Vgl. Kocyba, Hermann: Selbstverwirklichungszwänge und neue Unterwerfungsformen. Paradoxien der Kapitalismuskritik. In: Arbeitsgruppe SubArO: Ökonomie der Subjektivität – Subjektivität der Ökonomie, Berlin (2005): edition sigma, S. 83 f.

4 Levo League, Feb. 2013: http://www.levo.com/articles/career-advice/marissa-mayer-ban-working-from-home-discussion, Zugriff am 26.03.2015; vgl. auch Hipp, Lena/Stuth, Stefan: Management und Teilzeit? In: KZfSS Kölner Zeitschrift für Soziologie und Sozialpsychologie (2013), Vol. 65 (1), S. 101–128.

5 Hipp, Lena/Stuth, Stefan: Management und Teilzeit?, a. a. O.

6 Frankfurter Allgemeine Zeitung, 07.07.2007: »Der Shootingstar«.

7 Taz, 15.12.1994: »Still auf der Wiese gestanden?«

8 Generation Y = klischeehafte Charakterisierung der nach 1980 Geborenen, die auf die Forderungen der aktuellen Arbeitswelt vermeintlich kritisch, das heißt mit der Frage y = why, reagieren.

9 Fritzsche-Sterr, Yvonne: YES – Young Executives' Study. Wie die Manager von morgen die Zukunft der Gesellschaft sehen. Hrsg. von der PricewaterhouseCoopers AG WPG, Frankfurt am Main (2007), 14.05.2008.

10 Vgl. Schweer, Dieter/Seidemann, Sarah (BDI): Die neue Macht – digitale Freiräume. In: Sattelberger, Thomas/Welpe, Isabell/Boes, Andreas (Hrsg.): Das demokratische Unternehmen. Neue Arbeits- und Führungskulturen im Zeitalter digitaler Wirtschaft. Freiburg (2015): Haufe-Lexware GmbH, S. 132.

11 Illouz, Eva: Warum Liebe wehtut: Eine soziologische Erklärung. Frankfurt am Main (2011): Suhrkamp, S. 130.

12 Winker, Gabriele/Carstensen, Tanja: Flexible Arbeit – bewegliche Geschlechterarrangements. In: Kahlert, H., et al.: Arbeit und Vernetzung im Informationszeitalter. Frankfurt am Main/New York (2004): Campus, S. 167–187.

13 Vgl. auch Accenture: Untapped Potential: Stretching Toward the Future, International Women's Day 2009, Global Research Results (2009).

14 Hochschild, Arlie R.: Keine Zeit. Wiesbaden (2006): VS Verlag, S. X.

Kapitel 6

1 Siehe auch Funken, Christiane/Schulz-Schaeffer, Ingo (Hrsg.): Digitalisierung der Arbeitswelt: Zur Neuordnung formaler und informaler Prozesse in Wirtschaftsunternehmen. Wiesbaden (2008): VS Verlag.

2 StepStone http://www.stepstone.de/Ueber-StepStone/presse/loader.cfm?csModule=security/getfile&pageid=35150

3 Friedli, Vera: Betriebliche Karriereplanung. In: Thom, Norbert/Zaugg, Robert J. (Hrsg.): Moderne Personalentwicklung. Wiesbaden (2009): Gabler, S. 247–261.

4 Domsch, Michel/Lindner, Christina: Personalentwicklung und Karrieremanagement, Präsentation vom 28.10.2008.

5 Boltanski, Luc/Chiapello, Ève: Der neue Geist des Kapitalismus. Konstanz (2003): UVK.

Kapitel 7

1 Z. B. Demi Moore als Meredith Johnson in *Disclosure* oder Robin Wright als Mrs. Underwood in *House of Cards* etc.

2 Taz, 15.12.1994: »Still auf der Wiese gestanden?«

3 Neckel, Sighard: Flucht nach vorn, Frankfurt/Main (2008): Campus, S. 45 ff.

4 Crozier, Michel/Friedberg, Erhard: Die Zwänge kollektiven Handelns. Über Macht und Organisation. Frankfurt am Main (1979/1993): Hain, S. 6.

5 Vgl. Rastetter, Daniela: Mikropolitisches Handeln von Frauen. In: Haubl, Rolf/Daser, Bettina (Hrsg.): Macht und Psyche in Organisationen. Göttingen (2007): Vandenhoek & Rupprecht, S. 77.

6 Repräsentative Umfrage, die von XING, dem Berufsnetzwerk, bei Forsa in Auftrag gegeben wurde. Befragt wurden 1011 als Fach- oder Führungskraft tätige Angestellte und Beamte mit Fach- bzw. Hochschulabschluss.

7 Nolte, Barbara/Heidtmann, Jan: Die da oben. Innenansichten aus deutschen Chefetagen. Frankfurt am Main (2009): Suhrkamp, S. 18.

8 Ebd., S. 19.

9 Rastetter, Daniela: Macht und Mikropolitik. Frauen müssen taktischer werden! In: Positionen. Beiträge zur Beratung in der Arbeitswelt, Heft 2 (2009), S. 7.

10 Rastetter in einem Vortrag vom 11.02.2008 an der Humboldt-Universität-Berlin.

11 Ahrendt, Hannah: Vita Activa oder: Vom tätigen Leben. München (1981): Piper.

12 Neuberger, Oswald: Mikropolitik und Moral in Organisationen: Herausforderung der Ordnung. Stuttgart (2006): UTB.

Glossar

1 Gager, Constance T. /Yabiku, Scott T.: Who Has the Time? The Relationship Between Household Labor Time and Sexual Frequency. In: Journal of Family Issues (2010), vol. 31 (2), pp. 135–163.

2 Kornrich, Sabino/Brines, Julie/Leupp, Katrina: Egalitarianism, Housework, and Sexual Frequency in Marriage. In: American Sociological Review (2013), vol. 78 (1), pp. 26–50; Koppetsch, Cornelia: Wenn der Mann kein Ernährer mehr ist. Geschlechterkonflikte in Krisenzeiten. Frankfurt am Main (2015): Suhrkamp Verlag (gemeinsam mit Sarah Speck).

3 Pollesch, René: Die Liebe ist kälter als das Kapital. Reinbek (2009): Rowohlt.

4 Gibran, Khalil: Von der Arbeit. In: Der Prophet, München (2006 [1925]): Südwest Kalender.

5 Weber, Max: Wirtschaft und Gesellschaft. Grundriss der verstehenden Soziologie. Studienausgabe, Tübingen (1976 [1921]): J.C.B. Mohr (Paul Siebeck), S. 562.

6 Schraudner, Martina/Best, Kathinka/Wangler, Julian: Chancengleichheit und Nachwuchsförderung: Ergebnisse von Befragungen unter Nachwuchswissenschaftlerinnen und -wissenschaftlern der Max-Planck-Gesellschaft. Fraunhofer IAO (2015), München.

Register

Fette Seitenangaben verweisen auf das Glossar